孩子爱吃的营养餐

萨巴蒂娜　主编

中国轻工业出版社

目录

3 CHAPTER 调节免疫力食谱：均衡摄入 少生病

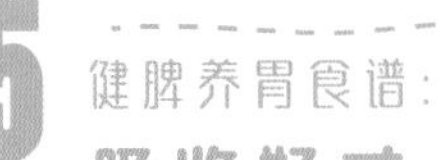

5 CHAPTER 健脾养胃食谱：吸收好才身体棒

6 CHAPTER 解馋解压零食：手作健康无添加

计量单位对照表

1 茶匙固体材料 = 5 克	1 茶匙液体材料 = 5 毫升
1 汤匙固体材料 = 15 克	1 汤匙液体材料 = 15 毫升

1

CHAPTER

助力长高食谱：
科学饮食助成长

大海的礼物

海带排骨汤

烹饪时间：80 分钟
烹饪难度：中等

主料

猪肋排 300 克 | 泡发海带 300 克

辅料

盐 3 克 | 生姜 5 克
料酒 2 汤匙 | 葱花少许

做法

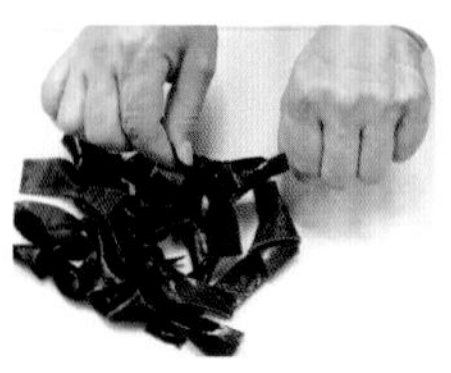

1 泡发海带洗净，切成 2 厘米宽的条状，打成海带结备用。

2 猪肋排用流水洗净，放入锅里，加没过食材的清水，倒入 1 汤匙料酒，大火烧开，撇去血沫，捞起备用。

3 生姜洗净，切片，放入汤锅，加排骨、海带，倒入 1200 毫升清水，加入剩余料酒，盖上锅盖。

4 大火烧开，可再次撇去浮沫，转小火炖 50 分钟。

5 开盖加盐，搅拌均匀即可盛出，撒上葱花点缀。

烹饪秘籍

最好是自己泡发海带，再打结。用直接买来的海带结难免有沙子。

让人垂涎三尺
糖醋排骨

烹饪时间：45 分钟
烹饪难度：中等

主料

猪小排 300 克

辅料

橄榄油 1 汤匙 | 盐 3 克 | 红糖 10 克
冰糖 10 克 | 醋 2 汤匙 | 生姜 4 克
料酒 1 汤匙 | 熟白芝麻少许

做法

1 排骨剁成 3 厘米长的段，洗净；生姜洗净，切片备用。

2 锅里煮开水，加入料酒和姜片，放入排骨，转小火慢慢煮熟，捞出，冲净浮沫，沥干。

3 锅里放橄榄油，烧热，倒入排骨，大火煸 2 分钟。

4 加入盐、红糖、冰糖、醋，倒入没过排骨的清水，盖上盖子，转中小火煮 20 分钟。

5 开盖收汁，翻炒均匀，撒上熟白芝麻，关火起锅。

烹饪秘籍

用老抽上色容易变黑，不如用红糖和冰糖，菜品颜色焦黄透亮。

夏日必备的开胃菜

凉拌海带丝

烹饪时间：15 分钟
烹饪难度：简单

主料

海带丝 300 克 | 红甜椒 15 克

辅料

香油 1 茶匙 | 盐 2 克 | 醋 2 汤匙
酱油 1 汤匙 | 蒜蓉 5 克
熟白芝麻 4 克 | 香菜碎 10 克

做法

1　将海带丝用流水洗干净；红甜椒洗净、去子，切丝备用。

2　锅里烧开水，放入海带煮约 3 分钟至软，捞起放入冰水中过一下，捞起沥干。

3　取一个深且大的容器，放入蒜蓉、醋、酱油、盐、香油，加入海带丝、红甜椒丝，用筷子搅拌均匀。

4　撒上熟白芝麻、香菜碎拌匀，即可装盘食用。

烹饪秘籍

1　煮海带时可以加少许醋，这样海带更容易煮软。

2　冰水要保证是干净的，不要直接用自来水，不卫生。

大爱虾饼

豆腐虾饼

烹饪时间：15 分钟
烹饪难度：简单

主料

鲜虾 500 克 | 老豆腐 150 克

辅料

胡萝卜 80 克 | 香葱 3 根
面粉 200 克 | 黑胡椒粉 1/2 茶匙
料酒 2 茶匙 | 盐 1 茶匙
油适量

烹饪秘籍

加入面粉时，可用细筛慢慢筛入，保证面粉均匀而不结小颗粒；如果面粉放太多，可通过加水来调节面糊的干湿程度。

做法

1 鲜虾洗净，去壳、去虾线，剁碎待用。

2 老豆腐洗净，剁成碎末；香葱洗净，切葱末。

3 胡萝卜去皮、洗净，擦细丝，尽可能越细越好。

4 将虾肉末、豆腐末、胡萝卜丝、葱末一起装入大碗中，搅拌均匀。

5 调入黑胡椒粉、料酒、盐，继续搅拌均匀。

6 加入面粉，搅拌均匀；拌好的面糊干湿程度以揉成饼状不会散开为宜。

7 平底煎锅内均匀刷上一层薄油烧热，取拌好的面糊制成大小适中的虾饼，放入锅内。

8 小火慢慢煎至虾饼底面定形并呈金黄色，翻面煎至另一面金黄后即可。

开胃当家小菜

芝麻拌菠菜

烹饪时间：5分钟
烹饪难度：简单

主料

菠菜350克

辅料

生姜3克 | 大蒜2瓣
白芝麻25克 | 生抽1汤匙
香醋1/2汤匙 | 香油2茶匙
鸡精1/2茶匙 | 盐1茶匙

烹饪秘籍

做这道拌菠菜，在择洗菠菜时，要记得将根部去掉不用。汆烫时可将茎部先放入，再放菜叶部分，以保证菜叶不会烫得过于软烂。

做法

1 菠菜择洗干净；白芝麻裹入纱布中洗净待用。

2 生姜去皮洗净，切成姜末；大蒜去皮后洗净，切蒜末。

3 炒锅置火上烧热，放入白芝麻，小火慢慢炒出香味后盛出。

4 炒好的白芝麻放入保鲜袋中，用擀面杖来回滚动，将其稍微碾碎。

5 另起一锅，倒入适量清水烧开，调入盐，放入洗净的菠菜汆烫半分钟。

6 将汆烫后的菠菜捞出，沥去多余水分后装入大碗中，加入姜末、蒜末拌匀。

7 再调入生抽、香醋、香油、鸡精，反复搅拌均匀。

8 最后将碾碎的白芝麻撒入菠菜中，稍加搅拌后即可。

儿时的记忆
家常煎豆腐

烹饪时间：25 分钟
烹饪难度：简单

主料
豆腐 3 块 | 猪肉末 60 克
青椒 30 克

辅料
花生油 2 汤匙 | 盐 3 克
酱油 1 汤匙 | 葱花少许
淀粉 4 克

做法

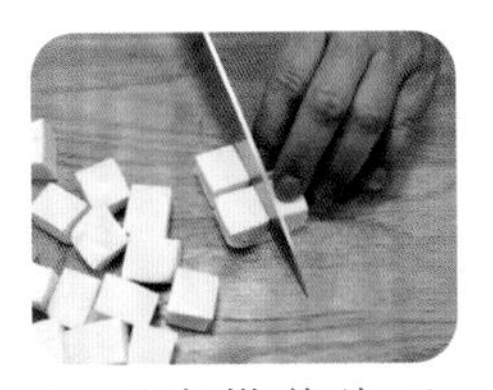

1 豆腐横着片开，使豆腐更薄，再切成小方块，方便煎制。

2 猪肉末用酱油和淀粉抓匀；青椒洗净，去子，切成丁。

3 锅里放 1 汤匙花生油烧热，转小火，将豆腐一块一块放入锅里。

4 一面煎黄后再用筷子一块一块翻面，继续煎。等两面都煎至焦黄，盛出备用。

5 锅里继续加剩余花生油，将肉末炒香，加青椒丁、豆腐、盐，炒匀。

6 倒入 60 毫升清水，大火煮开，转小火煮 2 分钟，关火盛出，撒上葱花即可。

烹饪秘籍
豆腐要小火慢煎，最后一步加水可使这道菜有汤汁，可以拌饭吃，味道一流！

可爱又美味

小胖子饭团

烹饪时间：25 分钟　烹饪难度：中等

主料

肥牛片 50 克 | 米饭 1/2 碗 | 寿司海苔 1 片
青椒 1/4 个 | 洋葱适量

辅料

沙拉酱适量 | 黑胡椒粉适量 | 料酒 2 茶匙
生抽 1 茶匙 | 盐 1 茶匙 | 绵白糖 1/2 茶匙
淀粉 1/2 茶匙 | 熟白芝麻适量 | 油少许

做法

1　肥牛片解冻，加入黑胡椒粉、料酒、生抽、盐、绵白糖和淀粉，抓拌均匀，腌制一会儿。

2　青椒去蒂、去子，切成长条。洋葱切长条（洋葱尽量选嫩的部分，切的时候切断纤维）。

3　中火加热平底锅，锅中放少许油，八成热时放入肥牛片，快速滑炒到变色即关火，不要盛出来。

4　寿司海苔平放，光滑一面朝下。取一半米饭平铺在海苔中央，面积约为手掌大小，略压平。

5　在米饭上挤上沙拉酱，撒上熟白芝麻。

6　将炒好的肥牛片放在米饭上，摊开，锅里的汤汁不要倒进去，以免饭团变湿。

7　在肥牛上放上青椒条和洋葱条，盖上另一半米饭。

8　海苔每两个相对的角交叠，将饭团包成方形，包紧。用保鲜膜将饭团裹紧，再从中间一切为二即可。

烹饪秘籍

肥牛片炒好之后不要从锅里盛出来，关火即可，利用锅的余温给肥牛保温。虽然饭团的最外层会包裹保鲜膜，但是紫菜面积有限，饭团里还是不要放太多东西，包起来如果露出白色的米饭就不好看了。

有颜有料的黄瓜

黄瓜蒸鹌鹑蛋

烹饪时间：20 分钟
烹饪难度：简单

主料

黄瓜 1 根（约 180 克）
鹌鹑蛋 10 ~ 15 个

辅料

淀粉 1 茶匙 | 盐少许 | 葱花少许

烹饪秘籍

在选购时要挑选颜色翠绿、粗细均匀、手感硬实的黄瓜，用手指轻掐黄瓜，手感脆嫩，有水分流出的说明比较鲜嫩。

做法

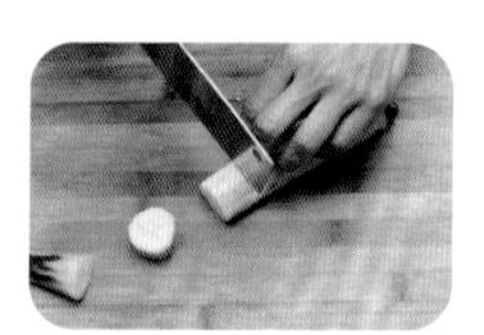

1 黄瓜洗净后去皮，切成 3 厘米左右的段。

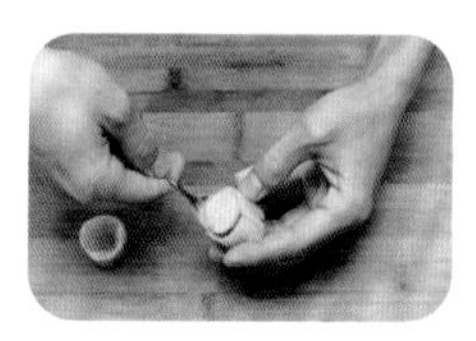

2 用茶匙小心地挖出黄瓜段中的子，注意不要挖透。

3 鹌鹑蛋磕入碗中，加入等量的清水，用打蛋器搅成均匀的蛋液。

4 将黄瓜段码放在盘子里，将蛋液倒入黄瓜段的中空部分。

5 蒸锅烧开后调至小火，放入黄瓜段，蒸 10 分钟后取出。

6 另取炒锅，开小火，加入 1 汤匙白开水和盐，搅拌均匀。

7 淀粉加入少许水调成水淀粉，待锅内水冒小气泡时加入，并用炒勺顺着一个方向搅拌成均匀的芡汁。

8 将芡汁淋在出锅的黄瓜蒸鹌鹑蛋上，撒少许葱花即可。

萌萌的小圆饼

虾仁胡萝卜饼

烹饪时间：40 分钟
烹饪难度：简单

主料

鸡蛋 2 个 | 胡萝卜 200 克
面粉 80 克 | 虾仁 10 个

辅料

盐 1 克 | 胡椒粉少许 | 油少许

做法

1 胡萝卜洗净，用擦丝器擦成细丝，加入盐、胡椒粉腌制 15 分钟。

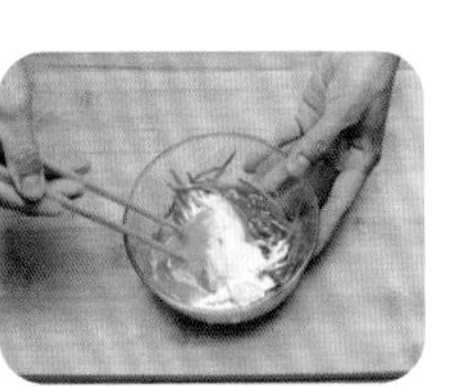

2 将鸡蛋、面粉加入胡萝卜丝中，用筷子搅拌成均匀的面糊。

3 平底锅加入少许油，烧至八成热。

4 用勺子舀一勺面糊，倒入锅内，摊平成圆形。

5 调至小火煎 30 秒，将虾仁放在面饼中心，盖上锅盖，再煎 30 秒。

6 待面糊表面凝固后，用锅铲小心翻面，将两面煎至金黄即可，可用薄荷叶点缀。

烹饪秘籍

现成的冷冻虾仁多数未剔除虾线，尽量挑选个头大的虾仁，并在烹调前剔除虾线。也可以自己购买鲜虾去壳。

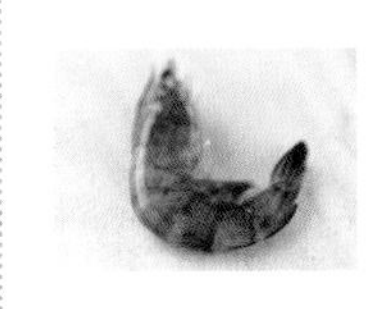

润肺甜汤

马蹄银耳汤

烹饪时间：70 分钟
烹饪难度：简单

主料

荸荠 80 克 | 干银耳 20 克

辅料

冰糖 5 克

做法

1 干银耳提前泡发，洗净去根后撕成小朵待用。

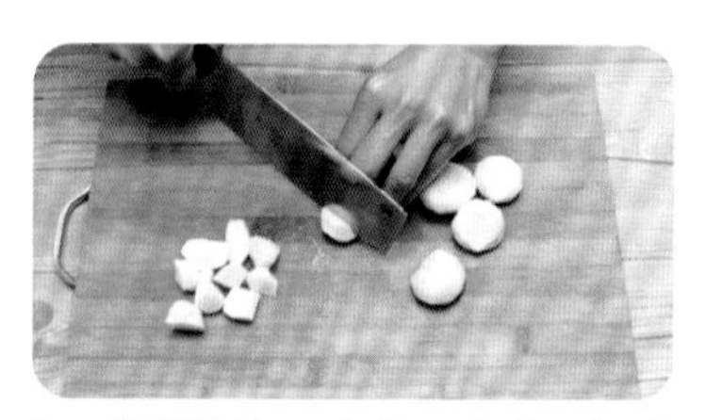

2 荸荠洗净，去蒂、去皮，切成小块。

3 锅内加入 1 升水，将荸荠、银耳、冰糖一起放入锅内，大火煮开，调小火继续煮 1 小时即可。

烹饪秘籍

1 荸荠的季节性很强，且又生长在泥土中，在挑选时要擦亮眼睛，选择个大、皮薄，芽短，手感较硬，表皮紫黑微透着红色，背面中心处没有开裂、腐烂、黑洞的荸荠。

2 新鲜的荸荠果肉洁白，如果果肉变成黄色，说明已经不新鲜了，不能再食用。

健康又美味

黑椒烤土豆+凉拌莴笋丝

烹饪时间：50分钟+35分钟
烹饪难度：简单

主料

土豆2个（约300克）

辅料

油2茶匙 | 黑胡椒粉2茶匙
黑胡椒碎1茶匙 | 盐2克

配餐

主料
莴笋150克
辅料
盐1克 | 醋1茶匙 | 香油少许

烹饪秘籍

每年新土豆上市时，会有部分不法商贩将陈土豆通过水洗、浸泡、熏制等方法来冒充新土豆。在选购时要仔细分辨：新土豆上的坑较浅，陈土豆上的较深；新土豆含水量比较大，用指甲掐一下会有汁水流出，而陈土豆掐起来较硬，没有弹性。

做法

1 土豆洗净、去皮，切成不规则的滚刀块。

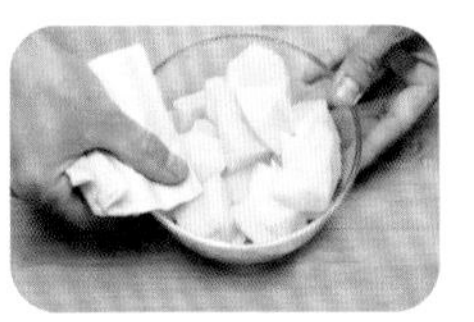

2 将切好的土豆块放入清水中浸泡20分钟，捞出，用厨房纸擦干水分。

3 将土豆块放入盆中，加入油、黑胡椒粉、黑胡椒碎和盐，用筷子拌匀。

4 烤盘中铺上锡纸，将拌好的土豆块均匀码放在烤盘上。

5 烤箱提前预热，烤盘放入烤箱中层，220℃上下火烤25分钟即可。

配餐

1 莴笋洗净，削皮后放入清水中浸泡30分钟。

2 将泡好的莴笋切成细丝，调入盐、醋拌匀。

3 装盘后淋入香油即可。

奶香小甜点

奶酪鸡蛋卷

烹饪时间：20 分钟
烹饪难度：困难

主料

鸡蛋 3 个 | 胡萝卜 1/2 根
火腿肠 1 根 | 奶酪片 2 片

辅料

牛奶 3 汤匙 | 盐 1/2 茶匙 | 油适量

烹饪秘籍

煎蛋卷的时候，不要等蛋液完全凝固再开始卷，那样卷出的蛋卷内部会分层，不美观。蛋液基本定形，可以翻动的时候即可开始翻卷，如果担心内部不熟，完全卷好后用小火多加热一两分钟即可。

做法

1　胡萝卜洗净去皮，切成细丝。锅中倒入适量油，将胡萝卜丝炒软待用。

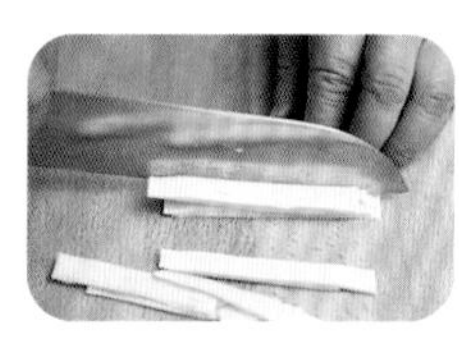

2　火腿肠切成细条。奶酪片切条待用。

3　鸡蛋磕入碗中，加入盐、牛奶打散。牛奶的加入可以使蛋液更顺滑，煎出的鸡蛋卷更滑嫩。

4　小火加热平底锅，放入少许油抹匀，锅热后倒入蛋液。

5　晃动锅使蛋液沾满锅底，蛋液略凝固后放入胡萝卜丝、火腿条和奶酪条。

6　从平底锅的一端开始折叠蛋饼，折叠的宽度大约为 6 厘米，逐渐将蛋饼卷成一条。

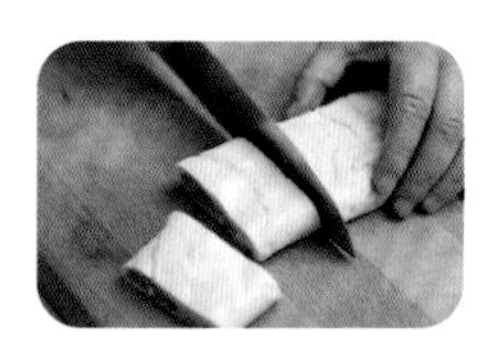

7　将卷好的蛋饼出锅，切成大段即可。

卷出来的美味

咸蛋肉松寿司

烹饪时间：15 分钟
烹饪难度：简单

主料

寿司紫菜 1 张 | 米饭适量 | 咸蛋黄 1 个

辅料

肉松适量 | 黄瓜 1/2 根

做法

1 米饭趁热拌入 1 个咸蛋黄。

2 黄瓜切成手指粗细的长条备用。

3 将寿司紫菜铺在寿司帘上，然后取适量咸蛋黄米饭均匀地铺在紫菜上。

4 在靠近自己的一端摆上黄瓜条和肉松，将寿司卷紧即可。

烹饪秘籍

选用流油的咸蛋黄，可以将寿司饭拌成好看的金黄色，如果用做蛋黄酥的那种单颗咸蛋黄口感会比较干，也不容易拌成金黄色。

咸鲜可口，时尚健康

虾滑酿秋葵

烹饪时间：50 分钟
烹饪难度：中等

主料

秋葵 8 个 | 鲜虾 200 克

辅料

鸡蛋 1 个 | 生抽 1 汤匙 | 料酒 1 汤匙
柠檬汁 1/2 茶匙 | 白胡椒粉 1 克
淀粉 1 茶匙 | 海苔 1 片 | 盐适量

烹饪秘籍

秋葵的钙含量比较高，且吸收率为 50%~60%，是比较理想的钙来源。

做法

1 鲜虾去头、尾，去皮，去虾线，清水洗净，用刀背剁成泥。

2 将鸡蛋蛋清、蛋黄分离，蛋清留用，蛋黄留用。

3 把虾泥放入碗中，加入蛋清、生抽、料酒、柠檬汁、白胡椒粉、适量盐，搅拌上劲成虾滑。

4 秋葵洗净，去蒂、去尾，放入开水中焯烫 3 分钟，捞出过冷水，沥干水分备用。

5 在秋葵的单侧竖着切一个开口，开口处在淀粉中蘸一下，将虾滑填入秋葵中，按紧压实。

6 将酿好的秋葵摆入稍微深一点的盘中。

7 蒸锅中加入适量水烧开，将酿好的秋葵放在蒸屉上，中火蒸 8 分钟。

8 将海苔放入保鲜袋中捏成碎末，最后撒在秋葵上即可。

风靡街头的烤蔬菜

虾泥烤长茄

烹饪时间：50 分钟
烹饪难度：中等

主料

长茄子 1 个 | 虾仁 10 只

辅料

蒜 8 瓣 | 小米椒 1 根 | 香葱 1 根
椒盐粉 2 克 | 孜然粉 2 克
生抽 60 毫升 | 料酒 1 汤匙
绵白糖 1/2 茶匙 | 盐适量

做法

1 虾仁去虾线，洗净，用刀背拍剁成泥状，加入料酒、20 毫升生抽，腌制20分钟。

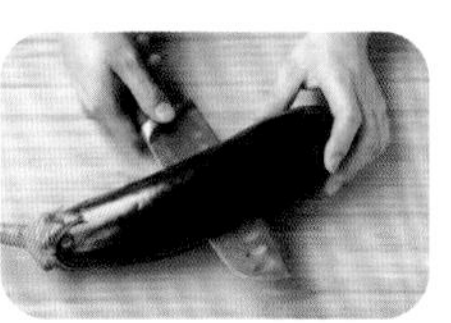

2 长茄子洗净，纵向一切两半；小米椒去蒂，洗净，切碎；香葱去根，洗净，切碎；蒜去皮，压成蓉。

3 将蒜蓉、绵白糖、适量盐、40 毫升生抽混合，调成蒜蓉料汁。

4 烤箱 180℃上下火预热 3 分钟，取出烤盘，将两半茄子平铺在烤盘中，放回烤箱 180℃上下火烤 5 分钟。

5 再取出烤过的长茄子，分别涂抹上虾仁泥，淋上蒜蓉料汁。

6 随后放回烤箱用同样的火力再烤 8 分钟，烤好后取出，均匀撒入椒盐粉、孜然粉、小米椒碎、香葱碎即可。

烹饪秘籍

长茄子先放入烤箱中烤，不仅可以烤去大部分水分，还可以使茄子更软嫩入味。蒜蓉可以提前炒香再调料汁，香味更浓。

甜美的口感

荔枝肉

烹饪时间：50 分钟　烹饪难度：中等

主料

里脊肉 300 克｜荸荠五六个

辅料

淀粉 10 克｜盐、鸡精各 1/2 茶匙｜香葱 5 克｜姜 10 克
蒜 3 瓣｜料酒 2 茶匙｜生抽 2 茶匙｜老抽 1 茶匙｜绵白糖 10 克
香油 1 茶匙｜高汤 50 毫升｜油 500 毫升（实耗约 50 毫升）

做法

1　猪里脊肉洗净，切 5 毫米薄片后，斜着在肉的表面切出十字花刀，再改刀切成菱形块，这样熟了之后形似荔枝。

2　将荸荠洗净去皮，每个荸荠切成三四瓣，葱、姜、蒜洗净，葱切段，姜、蒜切成末，备用。

3　取一个小碗，倒入高汤，将葱段、姜蒜末放入碗中，加绵白糖、生抽、老抽、盐、鸡精、香油、1 茶匙淀粉调成调味汁。

4　另取一个碗，将切好的肉片放入碗中，加入盐、料酒、鸡精和剩余淀粉拌匀。

5　将每一块肉片拿出在手上卷成荔枝的形状，放在一个空盘中，备用。

6　锅内倒油，烧至五六成热时，将卷好的肉小心放进锅中炸定形后捞出。

7　所有的肉都炸好后，保持高油温再复炸一次后捞出沥油。

8　锅内留底油，下荸荠和炸好的肉入锅中，将调味汁一并倒入大火炒匀，待汤汁转浓稠，即可关火。

烹饪秘籍

切十字花刀要注意力度，以免用力太猛把肉切断影响造型。若没有买到荸荠，也可以用土豆替代，并在炸肉时，也要将切好的土豆粒一起炸制才可以。

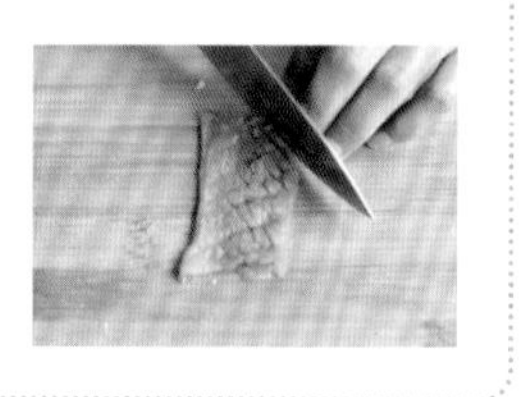

品相味道俱佳

排骨南瓜汤

烹饪时间：2 小时
烹饪难度：中等

主料

排骨 400 克 | 南瓜 300 克

辅料

姜 5 克 | 香葱 4 根 | 料酒 1 汤匙
鸡精 1/2 茶匙 | 盐 2 茶匙 | 油少许

烹饪秘籍

选购排骨时，最好选择肋排，上面的肉不要太多，这样的排骨炖出来的汤会比较鲜。

做法

1 排骨洗净，剁成 5 厘米左右长的段，放入清水中浸泡半小时去血水。

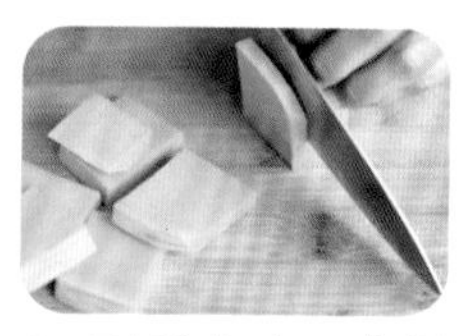

2 南瓜去皮、去瓤后洗净，切稍厚的块待用。

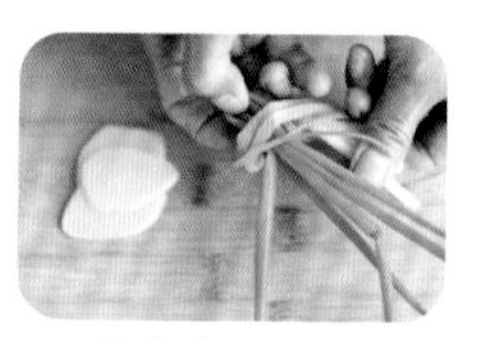

3 姜去皮、洗净、切薄片；香葱去根须后洗净系成葱结。

4 浸泡后的排骨捞出放入开水锅中，加入料酒汆烫约 5 分钟。

5 焯好水的排骨捞出，冲去浮沫，沥去多余水分。

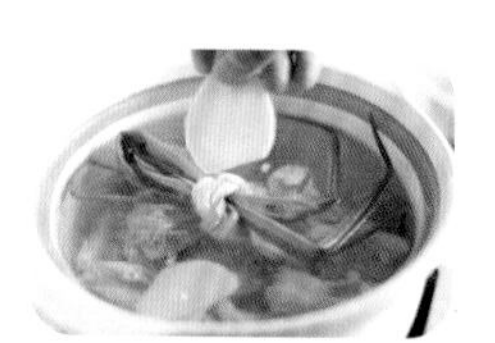

6 汤煲中加入适量水，放入排骨、姜片、葱结和少许油。

7 开大火炖至开锅，然后转中小火继续炖 1.5 小时。

8 再放入南瓜块，煮至南瓜熟透后加鸡精、盐调味即可。

烹饪时间：20 分钟
烹饪难度：困难

满满都是蛋白质

香炸虾排三明治

主料

吐司 2 片（约 100 克）
鲜虾 200 克 | 生菜 3 片
鸡蛋 1 个（约 60 克）

辅料

沙拉酱 1 茶匙 | 料酒 1 茶匙
盐 1/2 茶匙 | 淀粉 2 茶匙
面包糠 15 克 | 色拉油 50 毫升

烹饪秘籍

用牙签插进虾的第三节位置，挑出一部分虾线，就可以轻松用手抻出整根虾线。

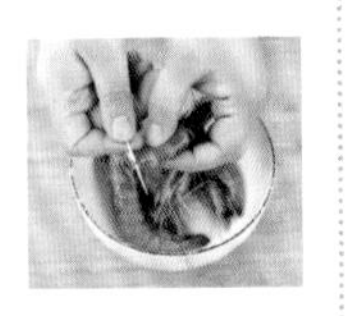

做法

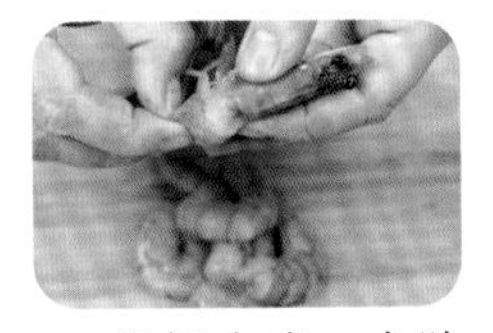

1 将虾去壳，去除虾线，取出虾仁，洗净备用。

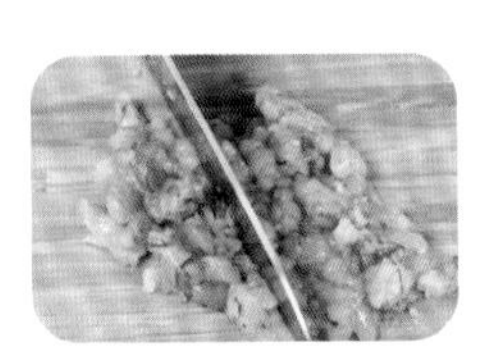

2 用刀将虾仁剁成虾泥，可以不用剁太碎，有点颗粒感，口感会更好。

3 剁碎的虾泥里加入盐、料酒、1 茶匙淀粉，搅拌均匀，腌制 10 分钟。

4 鸡蛋打散成蛋液；将虾泥用手捏成虾排状，裹上剩余的淀粉。

5 再裹满蛋液，最后裹上面包糠。

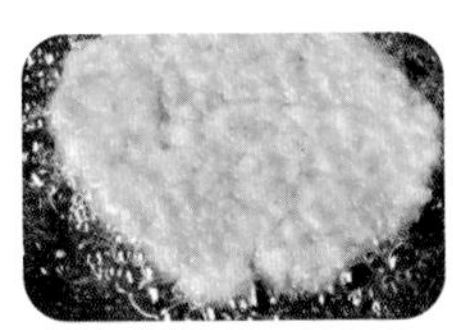

6 平底锅放色拉油，烧至七成热，小火将虾排炸熟。

7 铺一片吐司，放上生菜，挤入沙拉酱，放上虾排，再盖上一片吐司即可。

肉质细嫩，外焦里嫩

嫩煎鸡胸汉堡

烹饪时间：15 分钟
烹饪难度：中等

主料

汉堡坯 1 个（约 100 克）
鸡胸肉 1 块（约 150 克）
生菜 15 克 | 番茄片 2 片

辅料

黑胡椒汁 2 茶匙 | 盐 1/2 茶匙
色拉油 1 茶匙

做法

1 将鸡胸肉用刀背轻轻剁至鸡肉松弛，两面都抹上盐，腌制 10 分钟。

2 平底锅放入色拉油，烧至五成热，小火慢煎鸡胸肉，淋入黑胡椒汁，再煎 5 分钟至鸡肉入味。

3 将汉堡坯横着从中间切开，放入平底锅，小火煎 3 分钟至面包酥脆。

4 汉堡坯中铺入生菜、番茄片，放入鸡胸肉，盖上汉堡坯即可。

烹饪秘籍

汉堡坯可以放入烤箱中，180℃烤 5 分钟，同样能达到酥脆的效果。

有好料才有好味

沙茶蒸排骨

烹饪时间：70 分钟
烹饪难度：简单

主料

猪肋排 500 克

辅料

生姜 5 克 | 大蒜 2 瓣 | 香葱 1 根
沙茶酱 2 汤匙 | 酱油 1 汤匙
绵白糖 2 茶匙

烹饪秘籍

肋排切成段后，要放入清水中多次浸泡冲洗，以去除排骨内的多余血水，这样可以使得蒸制出来的排骨口味更佳。

做法

1 猪肋排清洗干净，切成长约 3 厘米的段待用。

2 生姜、大蒜去皮，洗净，捣成姜蓉、蒜蓉待用。

3 香葱择去根须和坏叶，洗净，切葱粒待用。

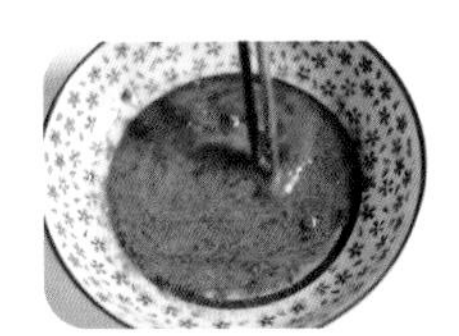

4 沙茶酱装入大碗中，倒入约 30 毫升凉白开搅拌化开。

5 将切好的肋排段放入装有沙茶酱的大碗中，并放入姜蓉、蒜蓉拌匀。

6 倒入酱油，放入绵白糖，继续拌匀后覆上保鲜膜，腌制半小时待用。

7 蒸锅内倒入适量水，将腌制好的肋排放入蒸锅中，大火蒸至上汽后转小火慢蒸半小时。

8 待肋排完全蒸好后，关火，将肋排一块块取出重新装盘，并撒上葱粒即可。

心急别喝热汤

萝卜虾皮汤

烹饪时间：8分钟
烹饪难度：简单

主料

白萝卜1/2根 | 虾皮30克

辅料

姜5克 | 香葱2根 | 蚝油2茶匙
盐2茶匙 | 油适量

烹饪秘籍

白萝卜丝切好后可放入开水中稍微汆烫一下，捞出沥水后再炒，这样可以去掉萝卜的辛辣味。

做法

1 白萝卜去皮洗净，先切薄片，切细丝待用。

2 虾皮洗净；姜去皮洗净，切姜末；香葱洗净，切葱粒。

3 炒锅内倒入适量油，烧至七成热，放入姜末爆香。

4 放入切好的萝卜丝，中大火炒制2分钟左右。

5 加入适量清水，大火煮至开锅。

6 放入洗净的虾皮，搅拌均匀后继续煮约1分钟。

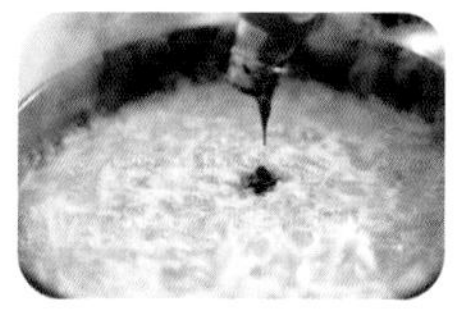

7 再加入蚝油、盐搅拌均匀调味。

8 出锅前，撒入切好的葱粒即可。

荤素搭配出美味

豌豆苗猪骨汤

烹饪时间：40 分钟
烹饪难度：简单

主料

猪排骨 500 克 | 豌豆苗 350 克

辅料

生姜 5 克 | 大蒜 3 瓣 | 香葱 3 根
料酒 2 汤匙 | 鸡精 1/2 茶匙
盐 2 茶匙

烹饪秘籍

市面上买来的豌豆苗会有一部分根茎较老，在清洗豌豆苗时，可将老掉的部分择掉，口感更佳。

做法

1 猪排骨放入清水中浸泡片刻，反复洗去血水待用。

2 洗净的猪排骨放入锅内，倒入适量清水，加入料酒，大火煮开。

3 开锅后将排骨捞出，再次用清水冲去浮沫待用。

4 生姜、大蒜去皮洗净，切成姜丝、蒜片。

5 香葱洗净，切葱粒；豌豆苗洗净，沥水待用。

6 将冲去浮沫的排骨放入汤煲内，倒入适量清水，放入姜丝、蒜片。

7 加盖大火煮至开锅后转小火慢炖半小时，接着放入洗好的豌豆苗。

8 待豌豆苗煮软后加盐、鸡精，搅拌均匀，撒入葱粒即可。

小巧玲珑

鲜虾小馄饨

烹饪时间：30 分钟
烹饪难度：中等

主料

猪肉末 200 克 | 虾仁 100 克
馄饨皮适量

辅料

大葱 3 克 | 姜 2 克 | 料酒 2 茶匙
白胡椒粉 1/2 茶匙 | 盐 1 茶匙
绵白糖 1/2 茶匙 | 虾皮适量
紫菜适量 | 鸡蛋 2 个 | 香葱 1 根
油少许 | 香油少许

烹饪秘籍

包小馄饨的馅儿要比包饺子、包子的肉馅剁得更细，粗一些的肉泥状最佳。将虾仁切成颗粒就好，太碎了吃不出虾肉的口感。葱、姜也尽量剁碎，以免影响口感。

做法

1 猪肉末二次加工，剁成肉泥。虾仁洗净、沥干后切成小颗粒。大葱和姜剁碎。

2 猪肉末中加入虾仁粒、葱末、姜末、料酒、白胡椒粉、绵白糖和盐，顺着一个方向搅打到肉馅发黏。

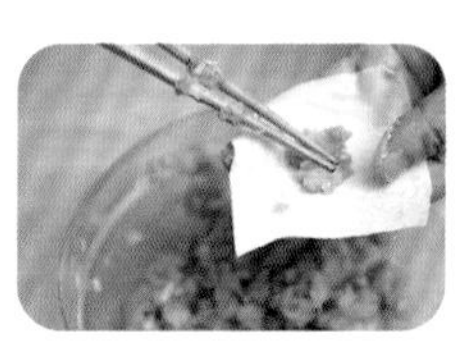

3 将肉馅放在馄饨皮上，按照自己的喜好包成小馄饨。留出一次吃的量，剩下的分散开冷冻。

4 香葱去根，洗净后切成小粒。紫菜撕碎。鸡蛋打入碗中，加入 2 汤匙水，加少许盐和白胡椒粉，充分打散。

5 小火加热平底锅，锅中放少许油，抹匀。倒入蛋液，转动锅摊成蛋皮。取出，切成条。

6 在碗里放适量虾皮、紫菜、盐、白胡椒粉和少许香油，成为汤底料。

7 烧一锅清水，水沸腾后下小馄饨。再次沸腾后用汤勺盛半碗汤到饭碗里，将汤底料冲开。

8 馄饨煮熟后捞入汤碗中，摆上蛋皮，撒少许香葱粒即可。

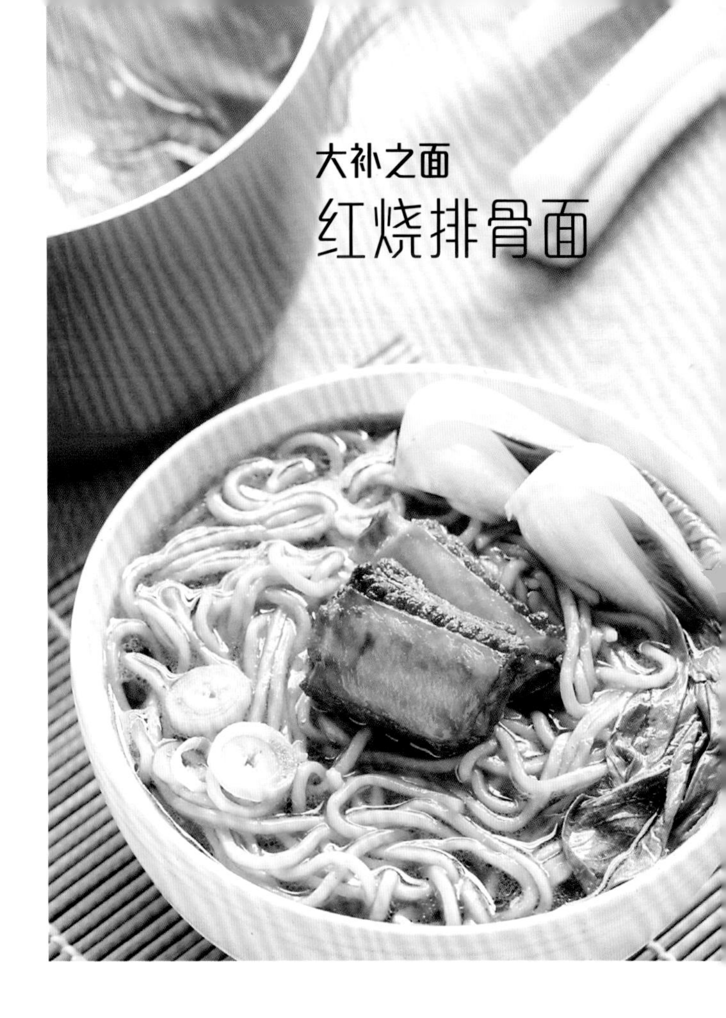

大补之面

红烧排骨面

烹饪时间：50 分钟
烹饪难度：中等

主料

排骨 500 克 | 面条适量 | 油菜适量

辅料

绵白糖 2 茶匙 | 老抽 1 茶匙
生抽 2 汤匙 | 料酒 1 汤匙 | 盐 2 茶匙
八角 1 个 | 花椒 1 茶匙 | 大葱 2 段
姜 4 片 | 油少许

烹饪秘籍

1 用高压锅炖肉，除了快捷之外，还有一个显而易见的好处，就是肉汤比较清亮，作面汤的话颜色好看有食欲。

2 清洗油菜的时候最好不要掰散，保持整棵的状态或者纵向剖开，摆在面条上更好看。

做法

1 排骨剁成小块，冷水下锅，放入 1 段葱、2 片姜，大火煮沸后捞出，洗去浮沫，沥干。

2 中火加热炒锅，锅中放少许油，油温六成热时放入绵白糖，炒到绵白糖融化，变成浅焦糖色。

3 放入排骨，大火翻炒均匀。沿锅边淋入料酒。放生抽、老抽，炒匀。

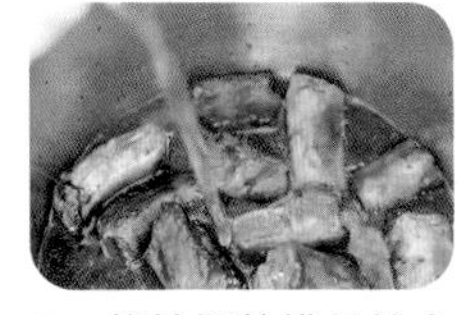

4 将炒好的排骨放入高压锅，加入适量水，加盐。

5 放入葱段、姜片。将花椒、八角放入调料盒后放入锅中。高压锅压 20 分钟。

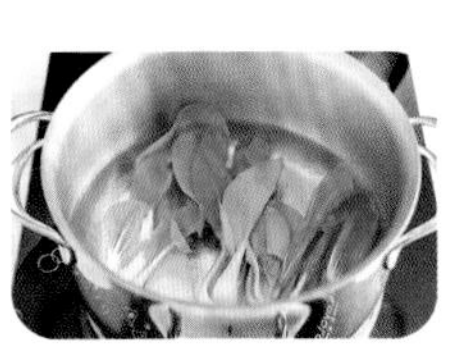

6 烧一锅开水，水沸腾后放入少许盐和油，下洗净的油菜烫软后捞出待用。

7 下面条煮熟，捞出盛在大碗里，在碗边摆上两棵烫好的油菜。

8 在面上摆上几块排骨，浇上排骨汤即可。

大道至简，最爱中国味

油淋老豆腐块

烹饪时间：15 分钟
烹饪难度：简单

主料

老豆腐 200 克

辅料

食用油 2 汤匙 | 蒸鱼豉油 2 汤匙
香醋 2 茶匙 | 绵白糖 2 茶匙
藤椒油 1 克 | 香葱 15 克
小米辣 15 克 | 香菜 5 克

做法

1 香葱切段，小米辣、香菜切末。

2 烧一锅开水，放入老豆腐烫 2 分钟。

3 捞出豆腐控水，放入盘中。

4 在豆腐块上均匀地放上除了食用油以外的所有调料。

5 小锅烧热食用油，淋在豆腐上即可。

烹饪秘籍

可以加入多种品牌的生抽，味道会更丰富。

暗藏玄机的肉丸

肉丸鹌鹑蛋

烹饪时间：40 分钟
烹饪难度：中等

主料

鹌鹑蛋 10 个 | 猪肉末 250 克

辅料

料酒 1 汤匙 | 盐 1 克 | 鸡精 1 克
生抽 2 茶匙 | 葱花 2 克 | 姜末 2 克
绵白糖少许 | 淀粉 1 汤匙 | 胡椒粉 1 克
香油少许 | 油适量

做法

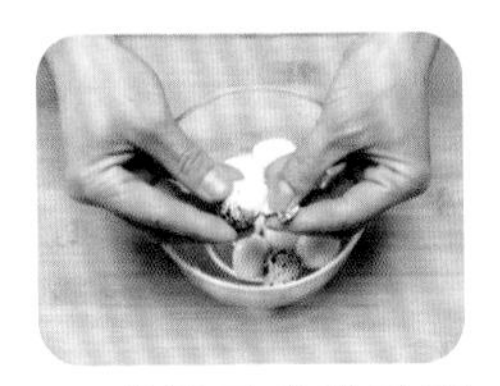

1 鹌鹑蛋煮熟后剥皮待用。

2 猪肉馅内加入所有调料，顺着一个方向用筷子搅拌至质地黏稠的状态。

3 取约 30 克的肉馅揉圆后在手掌中摊平。

4 放上剥皮的鹌鹑蛋，仔细地用肉馅将鹌鹑蛋包裹起来。

5 锅内放入足量的油，烧至五成热时，下入肉丸，小火炸至表面金黄后捞出。

6 用厨房纸吸去多余的油脂后对半切开即可，可以点缀薄荷叶。

烹饪秘籍

鹌鹑蛋外壳有天然的保护层，在常温下也能存放 1 个月，如放入冰箱储存，要采用大头朝上、小头朝下的方式放置，这样可以使蛋黄上浮贴在气室下，防止微生物侵入。

广式茶点搬回家

清蒸排骨

烹饪时间：25 分钟（不含浸泡及冷藏）

烹饪难度：中等

主料

排骨 300 克 | 芋头 200 克

辅料

花生油 1 汤匙 | 盐 3 克 | 绵白糖 2 克

蒜蓉 4 克 | 淀粉 5 克

做法

1 排骨斩小块，用流动的水洗几遍，再用清水浸泡 30 分钟，其间换水两次，直到血水充分洗净。

2 芋头去皮，洗净，切成菱形小块，用盐抓匀备用。

3 排骨沥干水分，用盐、绵白糖、蒜蓉抓匀，再加入花生油抓匀，用保鲜膜包好，放入冰箱冷藏 2 小时。

4 芋头块放入蒸锅里蒸熟。

5 取出排骨，加入淀粉抓匀，平铺在芋头上。

6 再放入蒸锅大火蒸 15 分钟，关火，出锅。

烹饪秘籍

要将排骨的血水泡净，这样蒸出来的排骨才晶莹剔透；加淀粉抓匀再去蒸，肉质比较嫩滑。

健脑益智食谱：
营养跟上才聪明

外酥里嫩

香煎带鱼

烹饪时间：55 分钟
烹饪难度：中等

主料

带鱼段 300 克

辅料

花生油 1 汤匙 | 盐 3 克 | 姜丝 5 克
葱段 4 克 | 料酒 1 汤匙 | 淀粉 50 克

做法

1 带鱼段解冻，洗净，用厨房纸吸干水分。

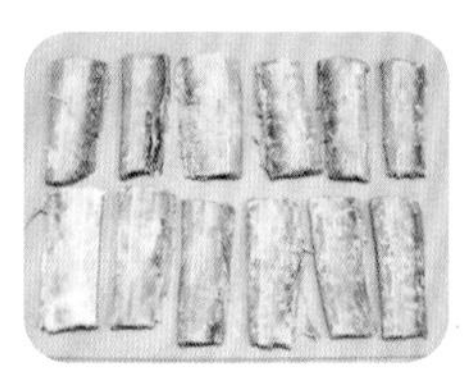

2 用料酒、盐、姜丝将带鱼腌制 30 分钟，再将每个带鱼段都薄薄裹上一层淀粉备用。

3 锅里放花生油，中火烧热，将带鱼一块一块放入锅中煎，煎一会儿后挪动一下带鱼，再小心翻面。

4 翻到另一面继续煎至金黄色，两面都煎熟、煎透，加入刚才腌鱼用的料酒和姜丝炒香。

5 再加入葱段，加热片刻即可盛出装盘。

烹饪秘籍

最好买去头、去尾、去内脏的带鱼段，处理起来更方便。

营养价值遥遥领先

三文鱼炒芦笋

烹饪时间：25 分钟
烹饪难度：中等

主料

三文鱼 200 克 | 芦笋 150 克

辅料

盐 3 克 | 黑胡椒粉 3 克 | 淀粉 5 克
黄油 15 克 | 柠檬 1 小瓣

做法

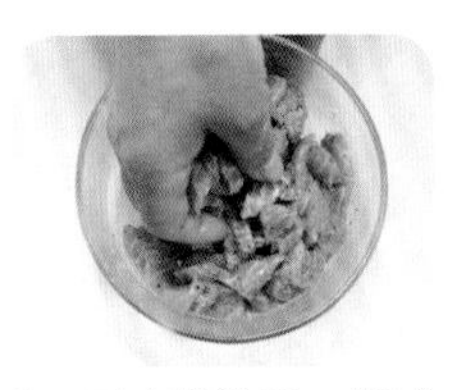

1　三文鱼洗净，切成丁，用黑胡椒粉、盐、淀粉抓匀，腌制5分钟。

2　芦笋洗净，去老根，去皮，保留嫩的部分，切小段。

3　锅里烧开水，下芦笋焯 1 分钟，捞起沥干备用。

4　另起一锅，放黄油，将腌制好的三文鱼放入锅中，中火煎一会儿，再慢慢翻面。

5　两面都煎得颜色发白就是熟了，再加芦笋，轻轻炒均匀。

6　盛出后，在鱼肉上挤上几滴柠檬汁即可。

烹饪秘籍

用黄油、黑胡椒粉烹制三文鱼，再滴几滴柠檬汁，口味非常清爽。

开启宝宝的智慧

牛油果沙拉

烹饪时间：15 分钟
烹饪难度：简单

主料

鸡胸肉 60 克 | 牛油果 1 个（约 80 克）
鸡蛋 1 个 | 紫甘蓝 30 克

辅料

橄榄油 1 汤匙 | 盐 3 克
黑胡椒粉 3 克 | 柠檬 1 瓣
沙拉酱 30 克

烹饪秘籍

如果买来的牛油果是青色的，可在常温下放置两三天，待变成深褐色、捏起来有点软了再吃。没有成熟的牛油果口感不好。

做法

1　鸡胸肉洗净，将柠檬汁挤在鸡肉上，撒黑胡椒粉、盐，腌制 10 分钟。

2　牛油果去核，去皮，切丁备用。

3　鸡蛋煮熟后捞起，去壳、切丁；紫甘蓝洗净，切丝备用。

4　锅里倒入橄榄油，倒入鸡肉煎香，煎好一面再翻另一面继续煎。

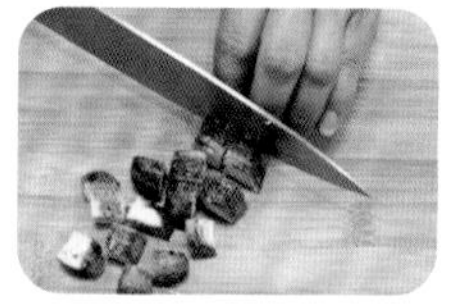

5　鸡肉煎好后，盛出放至合适的温度，再切成丁，放入沙拉碗里。

6　将紫甘蓝倒入锅里，大火翻炒几下，盛出放在鸡肉上面。

7　将鸡蛋丁、牛油果丁倒入沙拉碗里，浇上喜欢的沙拉酱，拌匀即可。

趁热喝吧

鲫鱼豆腐汤

烹饪时间：40 分钟
烹饪难度：简单

主料

鲫鱼 300 克 | 嫩豆腐 150 克

辅料

山茶油 1 汤匙 | 盐 3 克 | 生姜 4 克
大蒜 4 克 | 黑胡椒粉 3 克 | 香菜 4 克

做法

1　鲫鱼处理干净后，洗去鱼腹内的黑膜，去掉鱼鳃。

2　在鱼身两面都划上 3 刀，用厨房纸吸干水分备用。

3　嫩豆腐切成 4 厘米见方的块；香菜洗净，切碎；生姜洗净，切片；大蒜拍扁，切片备用。

4　锅里放山茶油烧热，放入鲫鱼煎制，转中火，煎好一面再翻另一面，煎至焦黄。

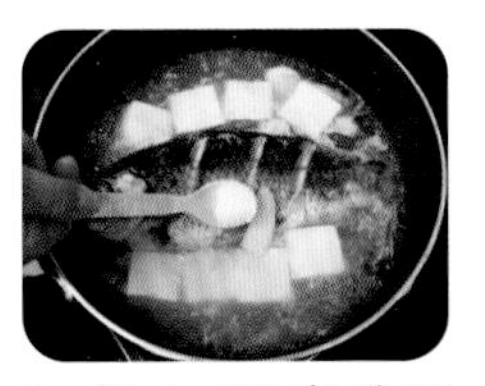

5　倒入 400 毫升开水，加入姜片、蒜片、嫩豆腐、盐，转大火，水烧开后，转小火煮 10 分钟。

6　关火盛出，撒些黑胡椒粉、香菜碎即可。

烹饪秘籍

鲫鱼汤要熬至奶白浓稠，一定要先把鱼煎一下，再加烧开的水炖。

浓浓坚果香

坚果南瓜饼

烹饪时间：90 分钟
烹饪难度：中等

主料

面粉 200 克 | 南瓜泥 120 克
牛奶 40 毫升 | 绵白糖 20 克
酵母粉 3 克

辅料

混合坚果 50 克 | 红糖 40 克

烹饪秘籍

要选择原味混合坚果，不要选择添加了盐等调味料的，也可以自己购买生坚果，用炒锅炒熟或用烤箱烤熟。

做法

1　面粉中加入南瓜泥、牛奶、绵白糖、酵母粉，揉成光滑柔软的面团，盖上盖子，在室温下发酵 1 小时。

2　混合坚果和红糖，放入料理机打碎，混合成质地均匀的坚果红糖碎。

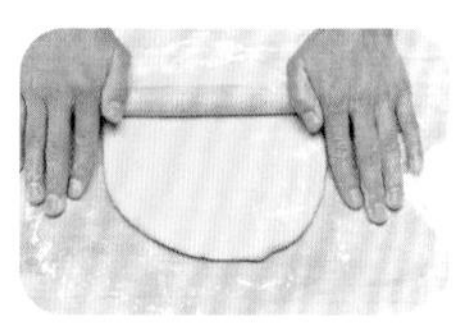

3　将发酵好的面团排气后擀成薄片，将坚果红糖碎均匀地撒在面片上。

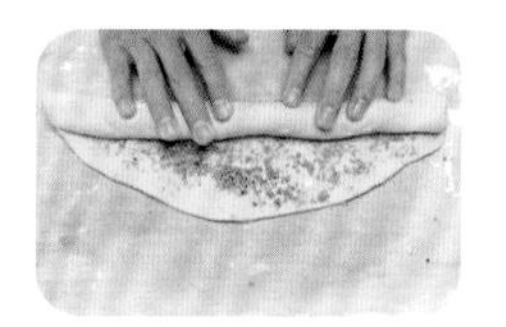

4　从一端卷起，卷成长条。

5　将卷好的长条从一端向内卷起，卷紧收口。

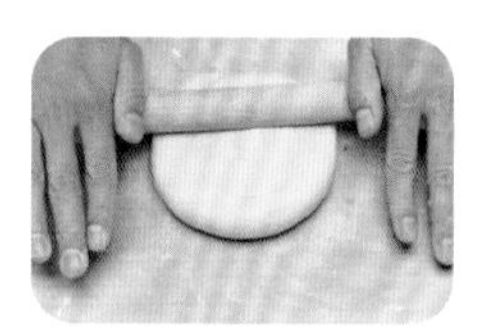

6　用擀面杖轻轻擀开成圆饼状。

7　电饼铛预热，放入饼坯，盖上盖，将两面烙至金黄。

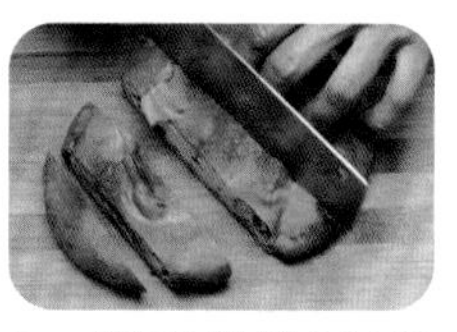

8　将烙好的饼切块装盘即可。

绿色、营养，颜色清新

青豆泥

烹饪时间：30 分钟
烹饪难度：简单

主料

青豆 300 克

辅料

牛奶 200 毫升 | 黄油 15 毫升
绵白糖 1 茶匙 | 盐 1/2 茶匙
薄荷叶 1 片

做法

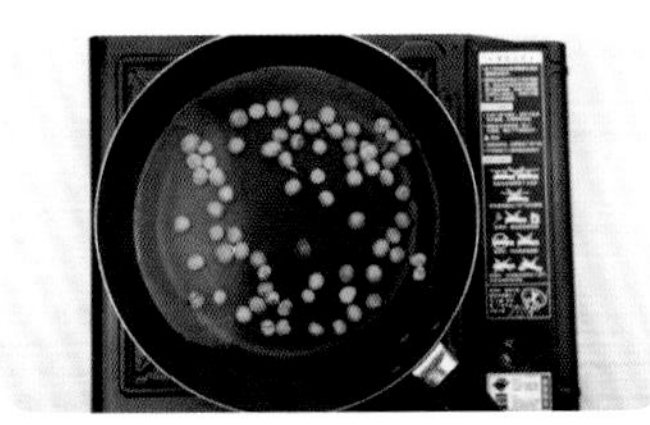

1 青豆洗净，放入开水中煮 10 分钟捞出，在冷水中浸泡 2 分钟。

2 捞出青豆，沥干水分，放入料理机中，加入黄油、绵白糖、盐和适量清水，搅打成细腻的青豆泥。

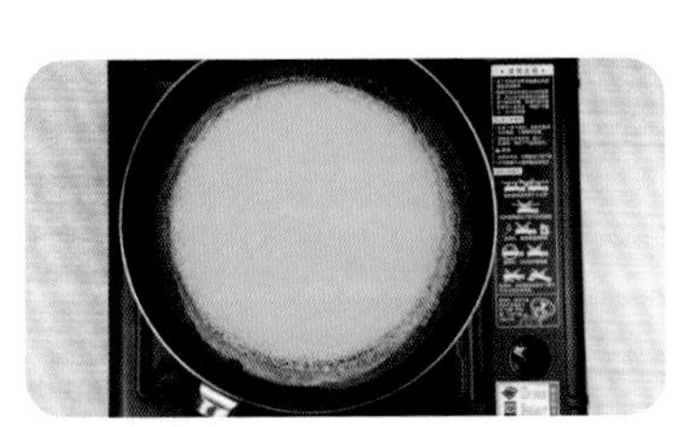

3 将青豆泥倒入一个小锅内，加入牛奶搅拌均匀，开小火煮至稍微冒泡。

4 盛出青豆泥，用薄荷叶点缀即可。

烹饪秘籍

清洗青豆时，可以将豆皮和豆仁分离，打出来的青豆泥口感会更细腻。

好吃到一丝不剩

蒜蓉粉丝油菜盏

烹饪时间：30分钟　烹饪难度：简单

主料

油菜6棵 | 粉丝50克

辅料

植物油3茶匙 | 蒜8瓣 | 生抽3汤匙 | 蚝油2茶匙
蒸鱼豉油3汤匙 | 绵白糖1/2茶匙 | 香油1茶匙
红尖椒1根 | 盐少许

做法

1　在油菜根部1/4处横向切下做盏，另外的3/4油菜留作他用，油菜盏洗净备用。

2　用剪刀修剪一下油菜盏，将油菜盏的每一层剪出一个倒三角形，剪后如同莲花形状，再修剪一下菜心，方便盛蒜蓉汁。

3　蒜去皮、压成蓉；红尖椒洗净、去蒂，切圈。

4　烧一锅开水，放入油菜盏焯烫2分钟，捞出后过凉水。

5　再将粉丝放入开水中焯烫至软，捞出后沥干水分。

6　将粉丝铺在盘底，上面摆好油菜盏。

7　炒锅中倒入植物油，烧至七成热时放入蒜蓉炒至金黄色，倒入生抽、蚝油、蒸鱼豉油、少许盐、绵白糖、香油、少量清水成蒜蓉汁。

8　将蒜蓉汁淋在油菜盏和粉丝上，再撒上红尖椒圈即可。

烹饪秘籍

1 挑选油菜时建议选根部大小一致、分层比较多的油菜，做出来的油菜盏更美观。
2 将蒜蓉汁换成肉馅料也是不错的选择。

口口生香

红甜菜根藜麦饭

烹饪时间：40 分钟
烹饪难度：简单

主料

红甜菜根 50 克 | 藜麦 100 克

辅料

大米 50 克 | 胡萝卜 40 克

做法

1 红甜菜根洗净、去皮、切丁。

2 胡萝卜洗净、去皮、切丁。

3 藜麦和大米分别淘洗干净。

4 将藜麦和大米放入电饭煲内，摆好红甜菜根丁和胡萝卜丁。

5 向电饭煲内加入食材 2 倍的清水，开启煮饭模式即可。

烹饪秘籍

1 可以提前将藜麦浸泡 10 分钟，但不要浸泡大米，否则营养容易流失。
2 藜麦吸水性强，建议比平时煮饭时多放一些水。

混搭正当时

金针菇豆腐肉片汤

烹饪时间：12 分钟
烹饪难度：简单

主料

猪瘦肉 200 克 | 金针菇 200 克
南豆腐 300 克

辅料

生姜 10 克 | 大蒜 3 瓣 | 小葱 2 根
料酒 2 茶匙 | 生抽 2 茶匙
鸡蛋清 1/2 个 | 淀粉 1 汤匙
鸡精 1 茶匙 | 盐适量 | 油适量

烹饪秘籍

腌制过后的肉片入锅后可能会结成团，所以一定要用筷子将其拨散，保证肉片受热均匀。

做法

1 猪瘦肉洗净，切5毫米左右薄片；加料酒、生抽、鸡蛋清、淀粉拌匀并腌制片刻。

2 金针菇切掉约2厘米根部，清洗干净后撕小束待用。

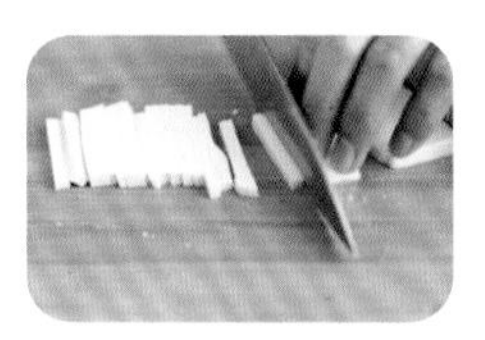

3 南豆腐洗净，切稍细长条待用。

4 生姜、大蒜去皮洗净切姜末、蒜末；小葱洗净切葱粒。

5 锅中入适量油烧至六成热，下姜末、蒜末爆香。

6 锅倒入适量清水，大火烧开后，下入腌制好的肉片，并用筷子将其拨散。

7 下入豆腐条和金针菇，大火煮6分钟左右。

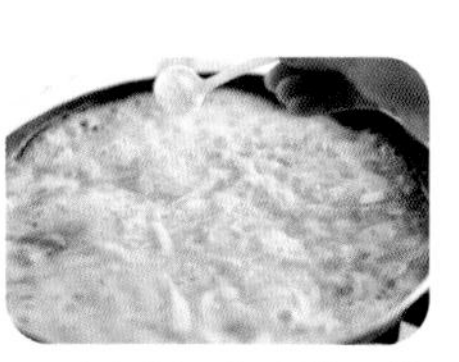

8 最后加入鸡精、盐调味，撒上葱粒即可关火出锅。

厨房小白入门菜

香拌黄花菜

烹饪时间：30 分钟
烹饪难度：简单

主料

干黄花菜 45 克 | 干木耳 5 克
金针菇 40 克 | 胡萝卜半根
黄瓜半根

辅料

小米椒 2 根 | 生抽 2 汤匙
蚝油 1 汤匙 | 米醋 1 汤匙
绵白糖 1/2 茶匙 | 香油 1/2 茶匙
蒜 3 瓣 | 香菜 1 根 | 盐适量

做法

1 干黄花菜、干木耳分别冲净，在清水中泡发，泡发后洗掉杂质，木耳去根、撕成小朵。

2 金针菇去根，洗净，撕成小缕；胡萝卜去皮，洗净，切成丝。

3 黄瓜洗净，切丝；小米椒洗净，去蒂，切碎；香菜去根，洗净，切末；蒜去皮，切末。

4 烧一小锅开水，分别放入泡发的黄花菜、木耳、金针菇、胡萝卜丝，汆烫至熟，捞出沥干水分备用。

5 生抽、蚝油、米醋、蒜末、小米椒碎、香油、绵白糖、盐混合调成酱汁。

6 将焯过水的黄花菜、金针菇、胡萝卜丝、木耳及黄瓜丝一同放入容器中，浇上酱汁，撒上香菜末调味即可。

烹饪秘籍

1 鲜黄花菜中含有秋水仙碱，进入人体后会产生毒性，如果选择应季的鲜黄菜花，需要清理干净花蕊，再用开水焯过，然后用清水浸泡 2 小时以上再进行炒食。

2 焯过水的蔬菜过一下冰水，口感更脆嫩。

3 焯烫蔬菜时可以撒入少许盐，更容易入味。

烹饪时间：25 分钟
烹饪难度：简单

抱朴含真犹自得
百合猪肉丁

主料

鲜百合 200 克 | 猪瘦肉 100 克
胡萝卜半个 | 洋葱半个

辅料

香葱 10 克 | 姜 5 克 | 蒜瓣 3 瓣
盐 1/2 茶匙 | 鸡精 1/2 茶匙
酱油 2 茶匙 | 料酒 2 茶匙
绵白糖 1/2 茶匙 | 油 20 毫升

烹饪秘籍

鲜百合一般在超市可以买到，即使买不到新鲜的百合，也可以用百合干，只需提前用温水泡发即可。猪瘦肉可以选择里脊肉或者猪腿肉。

做法

1　将新鲜百合从袋中取出，用清水浸泡 5 分钟，冲洗干净。

2　猪瘦肉洗净，切成 1 厘米左右的肉丁。

3　胡萝卜、洋葱洗净后切成 1 厘米见方的小丁。

4　葱、姜、蒜洗净后，切成末备用。

5　猪瘦肉用盐、料酒抓匀，腌制 10~15 分钟。

6　锅中倒油烧至五成热，将葱末、姜末、蒜末倒入锅中爆香。

7　放入肉，煸炒至变色后，加入百合、洋葱丁、胡萝卜，大火翻炒 5 分钟。

8　最后加入盐、鸡精、酱油、绵白糖、料酒，炒匀即可关火盛出。

花团锦簇

甜椒肉丁菜花

烹饪时间：20 分钟
烹饪难度：简单

主料

五花肉 150 克 | 菜花 250 克
青甜椒 1 个 | 红甜椒 1 个

辅料

香葱 5 克 | 姜 5 克 | 蒜瓣 2 瓣
干红辣椒 3 根 | 盐 1/2 茶匙
鸡精 1/2 茶匙 | 淀粉 1/2 茶匙
生抽 2 茶匙 | 绵白糖 1 茶匙
花椒粉 1/2 茶匙 | 料酒 2 茶匙
油 20 毫升

做法

1 将菜花在清水中冲洗一下后，放在淡盐水里浸泡 10 分钟。

2 五花肉洗净去皮，切成 1 厘米见方的肉丁，加入盐、生抽、淀粉腌制 5 分钟；青、红甜椒洗净后，切成菱形块。

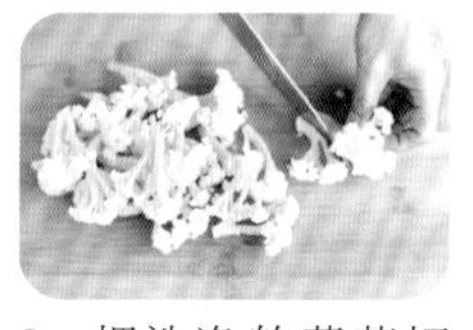

3 把洗净的菜花切成小朵，备用，香葱、姜、蒜洗净切末，干辣椒洗净切段。

4 锅中烧清水，加几滴食用油，下菜花汆烫 3 分钟后，捞出沥水。

5 锅中放油烧至五成热，下葱末、姜末、蒜末、干辣椒段爆香。

6 下腌好的肉丁炒至变色后，加入少许生抽和绵白糖炒匀。

7 在锅中倒入焯熟的菜花和青、红甜椒，大火翻炒 3~5 分钟。向锅内加入盐、鸡精、料酒、花椒粉，炒匀后关火盛出。

烹饪秘籍

菜花在烹制前先用淡盐水或淘米水浸泡 15 分钟，有利于除掉隐藏在菜花中的小虫和残留农药。

肉香味美，色泽诱人

葱爆肉

烹饪时间：20 分钟
烹饪难度：简单

主料

五花肉 200 克 | 大葱 2 根

辅料

姜 5 克 | 蒜瓣 2 瓣 | 盐 1/2 茶匙
鸡精 1/2 茶匙 | 生抽 1 茶匙
绵白糖 1 茶匙 | 料酒 2 茶匙
油 20 毫升

烹饪秘籍

大葱首选用葱白，经过炒制，葱不再辣，反而有些甜味。如果把猪肉替换成羊肉，也是不错的选择，那就是另一道菜“葱爆羊肉”了。

做法

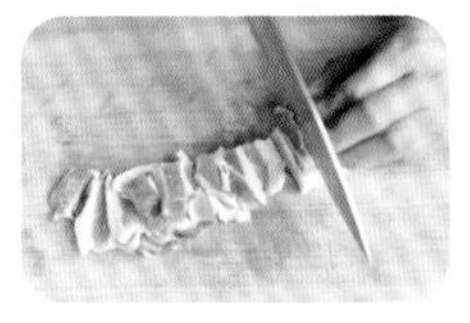

1 五花肉去皮后洗净，切成 3 毫米左右的薄片，加盐、生抽、料酒腌 10 分钟。

2 大葱洗净后，取葱白斜切成猫耳状。

3 姜、蒜洗净，切成末，备用。

4 锅中放油加热至五成热，倒入姜末、蒜末爆香。

5 将腌好的肉片倒入锅中，炒至表面颜色变白，肥肉部分变透明。

6 向锅内加入生抽、料酒、绵白糖，大火翻炒均匀。

7 将切好的葱白倒入锅中，大火翻炒 3 分钟。

8 向锅内加入盐、鸡精，炒匀后，关火即可。

千丝万缕

双椒金针菇肉丝

烹饪时间：20 分钟
烹饪难度：简单

主料

猪瘦肉 100 克 | 金针菇 100 克
青辣椒 1 个 | 红辣椒 1 个

辅料

香葱 5 克 | 姜 5 克 | 蒜瓣 2 瓣
淀粉 1 茶匙 | 白胡椒粉 1/2 茶匙
盐 1/2 茶匙 | 鸡精 1/2 茶匙
生抽 1/2 茶匙 | 料酒 2 茶匙
油 30 毫升

烹饪秘籍

胡椒有黑胡椒和白胡椒之分。除了在加工工艺上有所不同外，口味上也有细微差别。黑胡椒香辣味道更加浓郁，适合炖肉及烹制野味；白胡椒较之黑胡椒，味道要柔和一些，适合烹制鱼类、红烧等。

做法

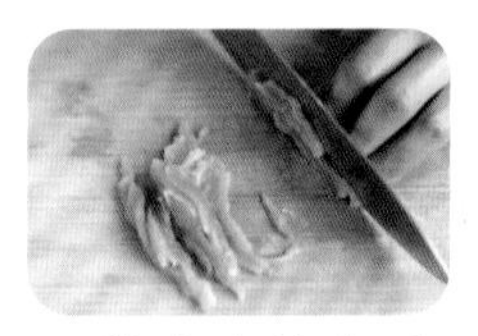

1 猪瘦肉洗净后，切成 5 毫米宽、4 厘米长的肉丝。

2 加盐、生抽、料酒、淀粉抓匀，腌制 10 分钟。

3 青辣椒、红辣椒洗净切丝，金针菇洗净，切掉根部。

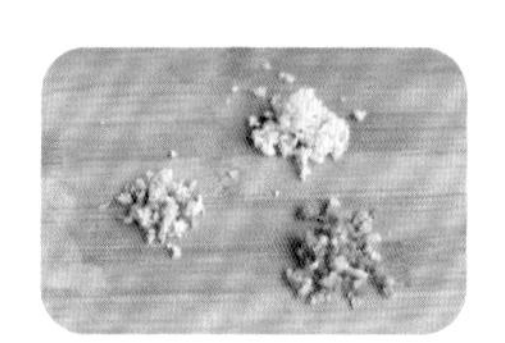

4 葱、姜、蒜洗净切成末，备用。

5 锅中放油加热至五成热，下葱末、姜末、蒜末爆香。

6 将肉丝倒入锅中，大火炒至肉丝表面颜色发白。

7 将金针菇和青辣椒、红辣椒丝倒入锅中，大火翻炒 3 分钟。

8 向锅中加入盐、鸡精、生抽、白胡椒粉，炒匀后关火即可。

清美无比
丝瓜肉末青豆瓣

烹饪时间：20 分钟
烹饪难度：简单

主料

猪里脊肉 100 克 | 丝瓜 1 个
青豆瓣 100 克

辅料

香葱 5 克 | 姜 5 克 | 蒜瓣 2 瓣
泡椒 3 个 | 盐 1/2 茶匙
鸡精 1/2 茶匙 | 胡椒粉 1/2 茶匙
生抽 1/2 茶匙 | 料酒 2 茶匙
油 20 毫升

烹饪秘籍

丝瓜在炒到最后时可能会有较多的汤汁，可以用一些水淀粉进行勾芡。也可以将主料中的猪里脊肉替换为牛肉。

做法

1 猪里脊肉洗净后，先改刀切成肉丝，再切成粒，最后剁成肉末。

2 肉末中加入盐、料酒、生抽抓匀腌 10 分钟。

3 丝瓜去皮后洗净，切成滚刀块，青豆瓣洗净，香葱、姜、蒜、泡椒洗净后，切成末备用。

4 锅中放油烧至五成热，将葱末、姜末、蒜末倒入锅中爆香。

5 将猪肉末倒入锅中大火炒散至肉末颜色发白。

6 将青豆瓣、丝瓜倒入锅中，继续大火翻炒 5 分钟后，倒入泡椒末炒匀。

7 向锅内加入盐、鸡精、料酒、胡椒粉、两三汤匙清水，大火煮开后，小火煮 2 分钟。

8 当锅内丝瓜完全变软后，就可以关火连汤盛出。

当醇香邂逅海味

豆豉带鱼

烹饪时间：35 分钟
烹饪难度：中等

主料

带鱼 1 条

辅料

豆豉 50 克 | 姜 10 克 | 蒜 2 瓣
香葱 2 根 | 料酒 1 汤匙 | 生抽 1 汤匙
绵白糖 2 茶匙 | 淀粉适量 | 鸡蛋 1 个
盐少许 | 油适量

烹饪秘籍

带鱼属海鱼，腥味略重，在炸制之前可以加入少量米醋拌匀后腌制 20~30 分钟，可以很好地去腥。

做法

1　带鱼洗净，切成 5 厘米左右长的段；鸡蛋打散成蛋液待用。

2　姜洗净，去皮，切成姜丝备用；蒜拍松后剥皮，洗净切成蒜片；香葱洗净，切葱粒。

3　起锅倒入适量油，烧至七成热。先将带鱼段裹上薄薄的一层淀粉。

4　再裹上蛋液，下油锅炸至金黄后捞出。

5　锅内留少许底油，下姜丝、蒜片煸至出香味，放入豆豉翻炒片刻，注意不要将豆豉炒煳。

6　将炸好的带鱼段放入，同豆豉翻炒均匀。

7　再调入料酒、生抽、绵白糖翻炒均匀；加入适量开水炖煮 20 分钟。

8　20 分钟后加少许盐调味，转大火收汁，撒上葱粒即可。

给你带来好心情

夹心水果三明治

烹饪时间：15 分钟
烹饪难度：中等

主料

吐司 4 片（约 200 克）
草莓 5 颗 | 猕猴桃 50 克 | 橙子 50 克
奶油 200 毫升

辅料

绵白糖 25 克

烹饪秘籍

在处理猕猴桃时，可以先将猕猴桃对半切开，再用勺子贴着果皮，轻松挖出果肉。

做法

1 将橙子、猕猴桃去皮，草莓去蒂；都切成 0.5 厘米见方的丁。

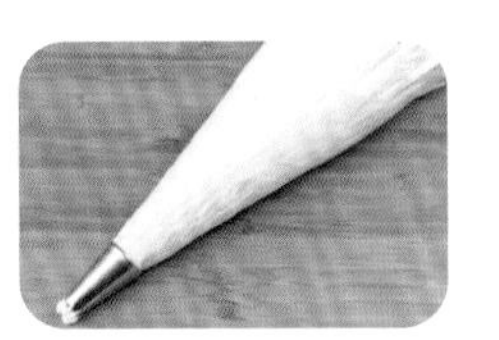

2 将绵白糖放入奶油中，用打蛋器打至奶油不流动的状态，将奶油装入裱花袋中。

3 将吐司用圆形模具压出圆形吐司。

4 取一片吐司，沿着吐司的一圈挤上奶油，中间放入猕猴桃丁。

5 盖上一片吐司，沿着吐司的一圈挤上奶油，中间放入草莓丁。

6 再盖上一片吐司，沿着吐司的一圈挤上奶油，在中间放入橙子丁。

7 最后在顶层盖上一片吐司，做些装饰即可。

汉堡有了新面孔
小熊创意汉堡

烹饪时间：15 分钟
烹饪难度：中等

主料

汉堡坯 1 个（约 100 克）
鸡蛋 1 个（约 60 克）
奶酪片 2 片 | 生菜 2 片

辅料

油 2 茶匙 | 火腿肠 1 根
沙拉酱 1 茶匙 | 巧克力适量

做法

1　平底锅中倒入适量油，鸡蛋打进锅内，小火煎至两面金黄。

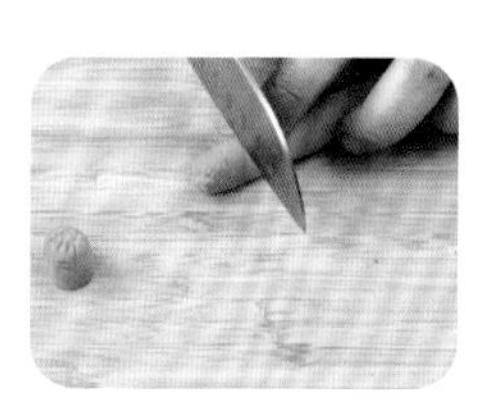

2　火腿肠切掉两端的头，保留待用；生菜洗净，沥干水分。

3　将切下的火腿肠头用牙签固定在面包的上方两侧，当作小熊的耳朵。

4　取一片奶酪片，用圆形模具压出圆形，当小熊的鼻子部分。

5　将巧克力放入碗中，隔水加热至化开，装入裱花袋中，挤在汉堡上，画出小熊的表情。

6　将汉堡从中间横着切开，依次放入生菜、奶酪片、煎蛋，挤入沙拉酱，盖上汉堡就做好了。

烹饪秘籍

汉堡中间的配菜可以自己随意发挥，本菜谱只注重小熊造型的描述。

香气飘满厨房

洋葱牛排汉堡

烹饪时间：30分钟
烹饪难度：简单

主料

汉堡坯1个（约100克）
牛排1块200克 | 紫洋葱100克

辅料

黑胡椒汁1汤匙 | 盐2克
黄油30克

做法

1 平底锅中放入15克黄油，化开后小火将牛排煎熟，倒入黑胡椒汁调味。

2 将紫洋葱横着对半切开，再顺着横截面切成1厘米厚的洋葱圈。

3 平底锅中放入15克黄油，放入洋葱圈，小火煎至洋葱上色，撒入盐。

4 汉堡坯横着从中间切开，汉堡中间夹入牛排，再放上洋葱圈即可。

实打实的干货

木耳黄花菜

烹饪时间：6 分钟
烹饪难度：简单

主料

干木耳 20 克 | 干黄花菜 50 克

辅料

大葱 10 克 | 干辣椒 3 个
水淀粉 2 汤匙 | 鸡精 1/2 茶匙
盐 1 茶匙 | 油适量

烹饪秘籍

木耳有大有小，较大朵的木耳泡软清洗时，可先将其撕成小朵，这样炒制时更易入味。

做法

1 干木耳提前用温水泡软，去掉杂质，洗净待用。

2 干黄花菜同样用温水泡软，反复洗净，挤去多余水分待用。

3 大葱洗净，切葱片；干辣椒洗净，切碎。

4 炒锅内倒入适量油，烧至六成热，放入辣椒碎爆香。

5 放入切好的葱片，翻炒至出香味。

6 放入木耳，翻炒半分钟左右。

7 再放入黄花菜，继续不断翻炒一两分钟。

8 最后倒入水淀粉勾芡，加鸡精、盐翻炒调味即可。

鲜香麻辣一应俱全

干锅鱼块

烹饪时间：30 分钟
烹饪难度：简单

主料

青鱼 500 克

辅料

生姜 10 克 | 大蒜 5 瓣
大葱 10 克 | 香菜 5 根
郫县豆瓣酱 30 克 | 干辣椒 5 个
花椒 1 小把 | 料酒 2 汤匙
老抽 1 汤匙 | 绵白糖 2 茶匙
盐 1 茶匙 | 油适量

烹饪秘籍

切好的鱼块在炸制之前，也可放入蛋液中，使其裹上薄薄的一层蛋液，再进行炸制，可使炸制后的鱼肉更加鲜嫩。

做法

1 青鱼去鳞、去内脏，洗净，对半切开后改刀切小块待用。

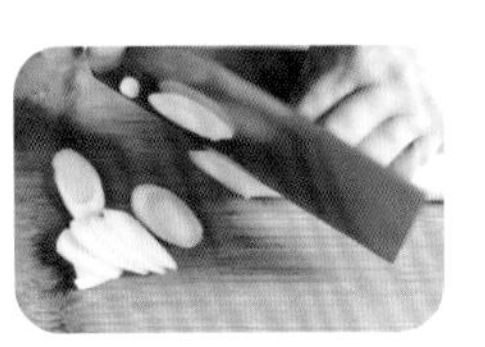

2 生姜、大蒜去皮洗净，分别切姜片、蒜片；大葱洗净，切葱段。

3 香菜洗净后切碎；干辣椒洗净后剪成碎段；花椒洗净待用。

4 锅内倒入适量油，烧至七成热，放入鱼块，中小火炸至鱼块变得金黄，捞出待用。

5 锅内留适量底油，放入姜片、蒜片、葱段、辣椒段和花椒爆出香味。

6 放入郫县豆瓣酱，小火慢炒至出红油后放入鱼块，翻炒均匀。

7 调入料酒、老抽，翻炒均匀后加适量开水，加盖焖煮 8 分钟左右。

8 转大火收至汤汁微干，加绵白糖、盐调味，撒入香菜碎即可。

夏日必备

盐水毛豆

烹饪时间：20 分钟
烹饪难度：简单

主料

毛豆 500 克

辅料

生姜 10 克 | 大葱 10 克 | 八角 5 颗
香叶 2 片 | 桂皮 1 块 | 干辣椒 3 个
料酒 2 茶匙 | 盐 1 汤匙

烹饪秘籍

毛豆不易清洗干净，除了反复搓洗外，还可以放入适量淀粉一同搓洗，能够很好地去除毛豆表面的脏物；喜欢吃凉的，可以将煮好的盐水毛豆放入冰水中浸泡一会儿再吃。

做法

1 毛豆剪去两端，放入清水中反复搓洗干净待用。

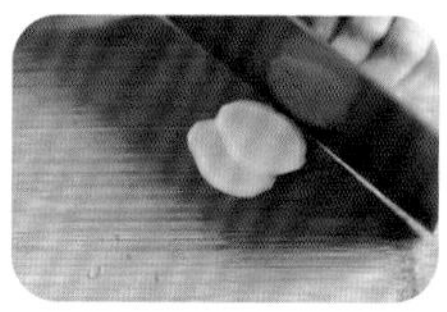

2 生姜去皮后洗净，切姜片，可以不要切得太薄。

3 大葱洗净，斜切葱片，厚薄同姜片相仿即可。

4 八角、香叶、桂皮洗净待用；干辣椒洗净，剪小段。

5 锅中倒入适量清水，放入姜片、葱片，倒入料酒。

6 放入八角、香叶、桂皮、干辣椒，搅拌几下，煮至开锅。

7 放入洗净的毛豆，并调入盐，搅拌均匀，大火煮至开锅。

8 最后转中火再煮至毛豆熟透，关火继续浸泡一会儿，吃的时候捞出即可。

烹饪时间：20 分钟
烹饪难度：简单

来点绿色养养眼

烙饼卷鸡蛋 + 猕猴桃黄瓜汁

主料

鸡蛋 2 个 | 香肠 1 根 | 烙饼适量
猕猴桃 1 个 | 黄瓜 1/2 根

辅料

蜂蜜 2 茶匙 | 小葱 1 根 | 油适量
盐适量 | 白胡椒粉适量

烹饪秘籍

加热烙饼的时候，也可以将烙饼放在盘子里再放入蒸锅，避免烙饼直接接触蒸屉。加热过后烙饼会变得很潮湿，容易碎。热完就拿出来，挥发掉烙饼表面的水汽，让饼皮更干爽。

做法

1 干净的平底锅中不放油，放入烙饼加热到烙饼热透，变得柔软后关火，将烙饼取出放至不烫手。

2 小葱去根，洗净，切成小粒。鸡蛋打散，加入葱粒、盐和白胡椒粉，搅拌均匀。

3 中火加热炒锅，锅中放油，转动锅，让锅壁挂上油，防粘。油八成热时倒入蛋液。

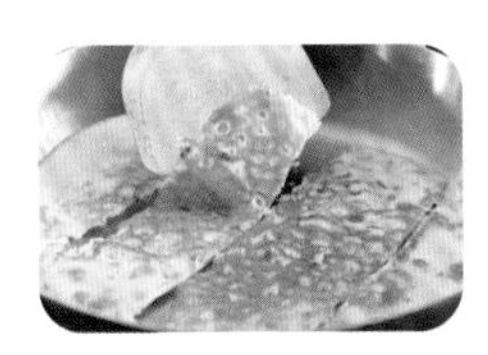

4 鸡蛋基本凝固后用铲子将鸡蛋划成大块，煎到鸡蛋全熟后关火。

5 将热好的烙饼翻开，露出饼心。烙饼最好选靠近饼边的部分，翻开露出饼心后两层还能连着。

6 放入鸡蛋和香肠，将烙饼卷起。如果希望香肠是热的，可以把香肠和烙饼一起加热。

配餐

1 猕猴桃去皮，去蒂，切块。黄瓜洗净，切块。

2 猕猴桃和黄瓜放入料理机，加入适量水，放入蜂蜜，高速搅打成汁即可。

饱腹又暖胃

西红柿鸡蛋面

烹饪时间：20 分钟
烹饪难度：简单

主料

挂面 50 克 | 西红柿 1 个 | 鸡蛋 1 个

辅料

大葱 3 克 | 香葱 1 根
白胡椒粉 1/2 茶匙 | 鸡精 1/2 茶匙
盐 1 茶匙 | 香油 1 茶匙 | 油适量

烹饪秘籍

在汤面中加荷包蛋的做法，在北方叫"卧鸡蛋"。在沸水中直接磕入鸡蛋会把蛋清"煮飞"，在水将沸未沸的时候磕入鸡蛋，再关火闷 3 分钟，待蛋清凝固一些之后再开火煮，可以保证鸡蛋的完整性。

做法

1　西红柿洗净去蒂，切成小块。香葱去根，切小粒。大葱切成葱花。

2　中火加热炒锅，锅热后放少许油，下葱花爆香。

3　放入西红柿，翻炒到变软，出红油。

4　放入鸡精。加足量水，转大火烧开成汤底。

5　锅中的汤即将要沸腾的时候，打入一个鸡蛋，转小火。不要搅动，煮成荷包蛋。

6　荷包蛋蛋清部分变白、变硬后，将挂面放入，转中火煮。

7　放入盐、白胡椒粉调味。将面条煮熟，出锅前淋入香油，撒上香葱粒即可。

⏰ 烹饪时间：30 分钟
烹饪难度：简单

家乡的记忆
牛肉汤河粉

主料

干河粉 200 克 | 牛里脊 150 克
油菜 2 棵

辅料

姜 5 克 | 料酒 2 茶匙 | 蚝油 1 汤匙
生抽 1 汤匙 | 绵白糖 1/2 茶匙
盐适量 | 油少许 | 淀粉少许
水淀粉适量

烹饪秘籍

干河粉可以直接水煮，煮的时间较长，也可以提前泡软，泡过之后在沸水里略煮一下。煮河粉的汤比较混浊，直接做河粉汤味道比较浓厚。炒牛肉的时候可以添加一些水，勾芡使汤汁浓稠，刚好拌河粉。

做法

1 牛里脊冲洗干净，切成薄片。油菜冲洗一下，纵向切成两半。姜一半切片，一半切丝。

2 牛肉片中加入 1 茶匙料酒，放入姜片，加少许盐，用手抓拌 1 分钟，腌制一会儿。

3 烧一锅清水，水沸腾后放入少许盐，滴几滴油，放入油菜焯烫到变色后捞出沥干。

4 将干河粉放入开水中煮约 5 分钟，煮到河粉略变白。关火闷 15 分钟，闷到河粉完全变白。

5 闷河粉的同时炒牛肉。腌好的牛肉去掉姜片不要，加入少许淀粉，抓匀，使牛肉片上浆。

6 中火加热炒锅，锅中放少许底油，放入姜丝煸炒出香味，然后放入牛肉片，滑炒到变色。

7 烹入 1 茶匙料酒，加入蚝油、生抽和绵白糖，拌炒均匀，调入适量盐，加水淀粉勾芡即可。

8 闷好的河粉捞入碗中，加适量汤，摆上油菜，浇上一勺炒好的牛肉即可。

大大的满足

甜味厚蛋烧+花生酱肉松厚片吐司

烹饪时间：20 分钟　烹饪难度：中等

主料

鸡蛋 3 个 | 牛奶 70 毫升 | 厚吐司 1 片
花生酱 1 汤匙 | 肉松 30 克

辅料

绵白糖 2 汤匙 | 油适量

做法

1　鸡蛋打散，放入牛奶、绵白糖，充分搅拌均匀。烤箱预热至 150℃。

2　中火加热平底锅，锅中放适量油，烧热后倒入一半蛋液，使蛋液均匀铺满锅底。

3　蛋液大致凝固后，从一侧开始将蛋饼卷起来，卷成一个卷后，推到锅边。

4　倒入剩余蛋液，用铲子将卷好的蛋卷掀起来，使蛋液流到蛋卷下面，并均匀铺满锅底。

5　蛋液大致凝固后，用新成形的蛋饼将蛋卷再次卷起来，卷成圆形，煎至熟透。

6　煎好的蛋卷盛出。略放凉后切成大块，热的厚蛋烧很难切出漂亮的切面。

配餐

1　厚片吐司放入预热好的烤箱，烘烤约 5 分钟。表面略变色后取出，涂上一层花生酱。

2　撒上肉松，再次放入烤箱，烘烤约 2 分钟，烤到花生酱融化即可。

烹饪秘籍

将吐司提前放入烤箱烘烤，可以让吐司跟花生酱接触的面也变得酥脆，同时温热的吐司上花生酱更容易涂抹开。日式厚蛋烧本来应该用方形煎锅煎，没有的话用普通平底锅代替问题也不大，使用不粘锅操作起来会容易些。

清甜解暑的靓汤

黄花菜鸭肉汤

烹饪时间：120 分钟以上
烹饪难度：中等

主料

鸭肉 300 克 | 干黄花菜 80 克

辅料

生姜 5 克 | 红枣 10 颗
盐 8 克 | 料酒 1 汤匙 | 盐适量

做法

1 鸭肉洗净，切块，放入开水锅里焯一遍，捞起。

2 生姜洗净、切片；黄花菜洗净。

3 取一个电紫砂锅，放入生姜、鸭肉、黄花菜、红枣，加清水没过食材。

4 放入盐、料酒，盖上锅盖，按煲汤键，煲好后即可享用。

烹饪秘籍

头天晚上睡觉前准备好食材，放入电紫砂锅，睡醒后就可以享用热腾腾的汤啦。可以配上米粉或者米饭，吃一顿美美的早餐。

3 CHAPTER

调节免疫力食谱：均衡摄入少生病

做法简单，味道浓郁

金针菇肥牛片

烹饪时间：15 分钟
烹饪难度：简单

主料

肥牛片 200 克 | 金针菇 150 克
番茄 100 克

辅料

橄榄油 1 汤匙 | 盐 3 克
熟白芝麻少许

做法

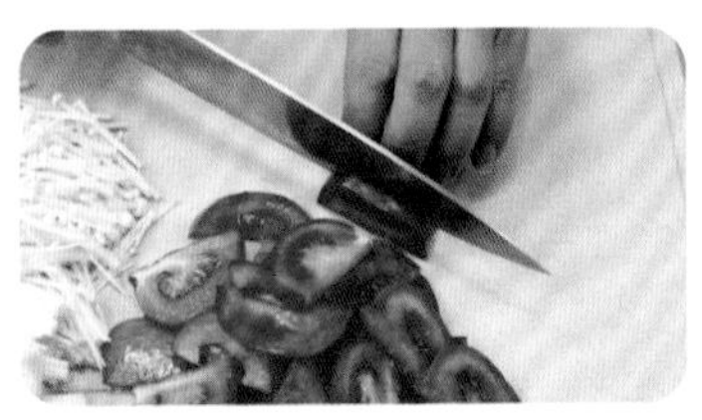

1 金针菇洗净，切掉根部，再切成段；番茄洗净，切片备用。

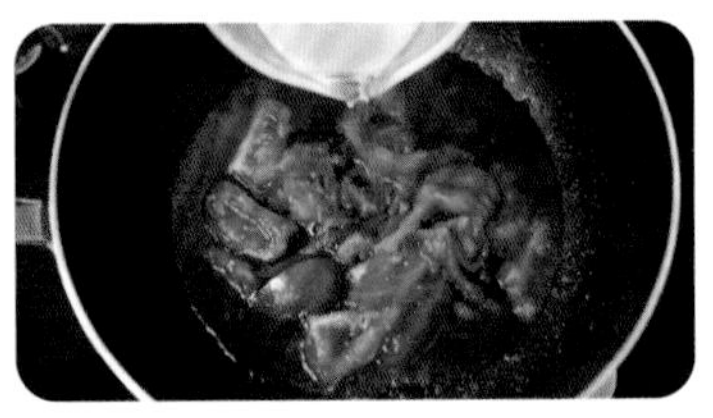

2 锅里放橄榄油烧热，放入番茄翻炒至番茄出汁，倒入 200 毫升清水。

3 放入金针菇煮半分钟，再放肥牛片，用筷子拨开肥牛片，大火煮至肥牛变色。

4 放盐，搅拌均匀，盛出，再撒一点熟白芝麻即可。

烹饪秘籍

番茄一定要炒出汁，味道酸酸的汁用来拌饭也好吃。金针菇一定要煮熟，肥牛片最后放，不要煮太久以免老了。

清爽凉拌菜

三彩鸡丝

烹饪时间：40 分钟
烹饪难度：简单

主料

鸡胸肉 100 克 | 青椒 30 克
胡萝卜 30 克 | 泡发木耳 20 克

辅料

料酒 2 茶匙 | 胡椒粉 2 克 | 盐少许
生抽 1 茶匙 | 香油少许 | 白芝麻少许

烹饪秘籍

青椒富含水溶性的维生素 C，焯水时间不能太长，以免维生素流失，降低营养价值。

做法

1 鸡胸肉洗净，表面抹上胡椒粉，淋上料酒，腌制 15 分钟。

2 锅内加入水，烧开后放入鸡胸肉，煮 10 分钟后捞出，浸入凉开水中冷却。

3 泡发木耳洗净、去根，切丝；青椒、胡萝卜洗净后切丝。

4 锅内加入水，烧开后分别下入青椒、胡萝卜、泡发木耳，焯水 1 分钟后捞出，沥干水分。

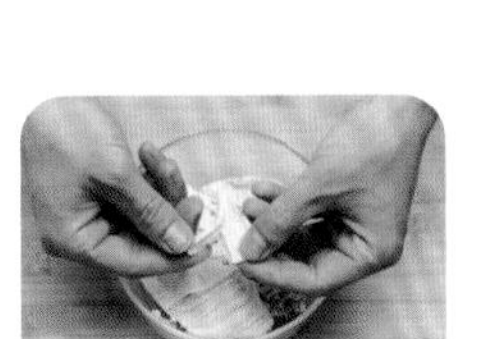

5 将冷却的鸡胸肉用手顺着鸡肉的纹路撕成细丝。

6 将焯好水的蔬菜加入鸡肉丝中，放入盐、生抽，用筷子拌匀。

7 将拌好的三彩鸡丝装入盘中，淋入香油，撒上白芝麻点缀即可。

菌香鱼鲜最美味

杂菌三文鱼柳

烹饪时间：25 分钟
烹饪难度：简单

主料

杏鲍菇 80 克 | 蟹味菇 80 克
鲜香菇 50 克 | 三文鱼 150 克

辅料

胡椒粉少许 | 蒜末 2 克 | 姜末 1 克
葱花 2 克 | 油 2 茶匙 | 盐 1 克
小葱段少许

做法

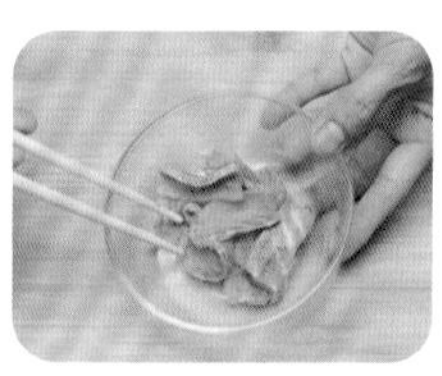

1 三文鱼洗净，沥干水分，切成鱼柳，加入胡椒粉拌匀，腌制 10 分钟。

2 杏鲍菇、蟹味菇、鲜香菇分别去根，洗净后沥干水分。

3 杏鲍菇切成薄片，香菇切片，蟹味菇撕成小朵。

4 锅内加入油，烧至五成热，下入蒜末、姜末、葱花爆香。

5 下入杏鲍菇、蟹味菇、香菇，炒干水分。

6 下入腌好的鱼柳，翻炒至鱼柳变色后再炒 1 分钟，加入盐即可，可撒少许小葱段点缀。

烹饪秘籍

杏鲍菇的挑选方法。一看：看菌盖尺寸，要选择菌盖小，如帽子般盖着菌柄的；菌盖开裂、边缘不整齐的不能选。二闻：杏鲍菇应有杏仁味，没味道或有异味的不能选。三量：挑选长度在 12～15 厘米的杏鲍菇，太长的内部发空，太短的还未长成。

浓香多汁

双菇烧豆腐

烹饪时间：30 分钟
烹饪难度：简单

主料

北豆腐 150 克 | 平菇 60 克
鲜香菇 60 克 | 胡萝卜 20 克
青椒 20 克

辅料

油 3 汤匙 | 葱花少许 | 蒜片少许
酱油 1 茶匙 | 盐 1 克 | 淀粉 2 茶匙

烹饪秘籍

要选择掂在手里有分量的平菇，还要仔细观察一下菌盖的大小，以直径 5 厘米左右为宜，太大的生长时间较长，并不好吃。

做法

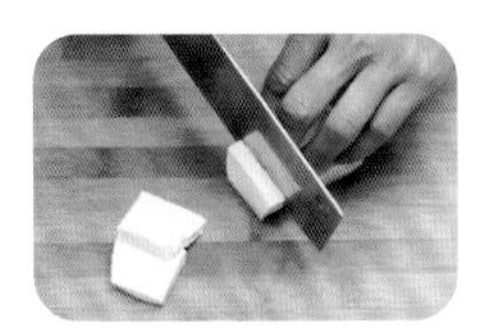

1 北豆腐洗净后切成约 1 厘米厚的片。

2 鲜香菇、胡萝卜洗净后切片；平菇洗净后撕成小瓣；青椒洗净后切块。

3 锅内倒入油，烧至五成热，调至小火，放入豆腐片，炸至两面金黄后捞出，用厨房纸吸去多余油分。

4 在锅内留少许油，放入葱花、蒜片爆香，倒入平菇、香菇煸炒出水分。

5 倒入胡萝卜和青椒，继续翻炒 1 分钟。

6 倒入豆腐片，加入酱油，翻炒均匀。

7 淀粉加入适量水调成水淀粉，倒入锅内，收干汤汁，加入盐炒匀，最后点缀葱花即可。

独乐乐不如众乐乐

坚果羊肉汤

烹饪时间：140 分钟（不含浸泡时间）

烹饪难度：中等

主料

羊肉 150 克 | 核桃仁 30 克

花生 30 克 | 杏仁 20 克 | 红枣 2 颗

辅料

盐半茶匙 | 生姜 3 片 | 花椒粒 10 粒

做法

1　羊肉洗净，剔去筋膜，切成 5 毫米厚的片，放入冷水中，加入花椒粒，浸泡 2 小时。

2　浸泡好的羊肉凉水下锅，水开后焯 3 分钟，其间不停撇去浮沫，捞出洗净。

3　核桃仁、花生、杏仁洗净备用。

4　另起锅，将所有主料与生姜一起放入砂煲，加水约 1500 毫升。

5　大火烧开，转小火炖 2 小时。

6　出锅前 5 分钟加入盐，搅匀即可。

烹饪秘籍

1　如果不习惯羊肉的膻味，可以买宁夏盐池滩的羊或者内蒙古锡林郭勒盟的羊，膻味相对小很多。

2　去羊肉膻味的一个很好的方法就是用花椒水浸泡。

苦中带鲜

苦瓜海米煎蛋

烹饪时间：40分钟
烹饪难度：简单

主料

苦瓜1根 | 胡萝卜半根

辅料

鸡蛋4个 | 海米20克
白胡椒粉2克 | 植物油3汤匙
盐适量

做法

1 海米冲洗一下，泡在清水中20分钟，使用时捞出沥干水分。

2 苦瓜洗净后，挖去瓜瓤再切碎；胡萝卜去皮、洗净，切碎。

3 烧一小锅开水，放入苦瓜碎和胡萝卜碎焯烫3分钟后捞出。

4 鸡蛋磕入碗中，加入苦瓜碎、胡萝卜碎、海米、白胡椒粉、少许盐、少量清水，搅拌均匀。

5 平底锅中倒入植物油，烧至六成热时缓慢倒入苦瓜鸡蛋液，轻轻晃动平底锅至蛋液全部在锅内铺平。

6 用中小火来煎鸡蛋液，煎至底面凝固呈金黄色，上面蛋液稍凝固些，再翻至另一面煎至金黄，出锅即可。

烹饪秘籍

苦瓜和胡萝卜焯水既能减少苦瓜的苦味，还能缩短煎蛋的时间。

营养均衡的早餐

胡萝卜口袋饼

烹饪时间：2 小时　烹饪难度：中等

主料

胡萝卜 2 根 | 面粉 150 克

辅料

生菜 4 片 | 圆火腿片 4 片 | 番茄半个
黄瓜半根 | 黄芥末酱 2 汤匙 | 植物油 2 汤匙
酵母粉 2 克 | 蜂蜜 1 汤匙

做法

1　胡萝卜洗净，去皮，切成小块，放入料理机中打成汁。

2　向胡萝卜汁中加入蜂蜜和酵母粉，静置 5 分钟待酵母粉溶化。

3　把胡萝卜汁分次缓慢倒入面粉中，边倒边和面并揉搓面粉，至面粉形成光滑的面团。

4　将面团包上保鲜膜，发酵至 2 倍大。

5　发酵好的面团撒入少许面粉揉挤排气，平分成 4 个等量小面团，再将小面团擀成厚约 1 厘米的圆形口袋饼坯，再发酵 10 分钟。

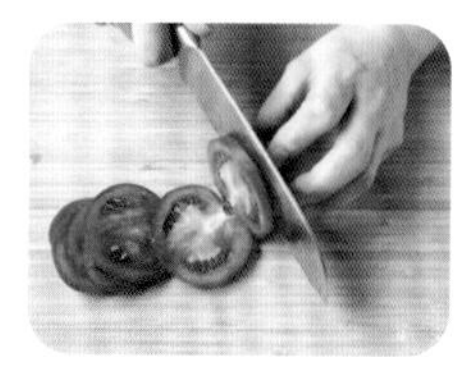

6　番茄、黄瓜分别洗净、切片。

7　平底锅中倒入少量植物油，烧至七成热时放入口袋饼，待充分膨胀后翻另一面继续烘熟。

8　口袋饼从中间开口，将生菜及圆火腿片分成等量 4 份，与番茄片、黄瓜片分别夹入口袋饼内，均匀淋入黄芥末酱即可。

烹饪秘籍

1　擀好的口袋饼要再次醒面膨胀，并盖好屉布防止风干。

2　口袋饼还可以用烤箱来烤熟，口感更脆。

好吃不长肉

烤芦笋

烹饪时间：40 分钟
烹饪难度：简单

主料

芦笋 8 根

辅料

青柠檬 1 个 | 橄榄油 15 毫升
蜂蜜 2 汤匙 | 盐适量 | 黑胡椒粉少许

烹饪秘籍

芦笋去皮烤口感更脆嫩，但去皮的芦笋要掌握好烤时的温度。

做法

1 芦笋洗净，沥干水分。

2 青柠檬洗净，切成厚约 2 毫米的片。

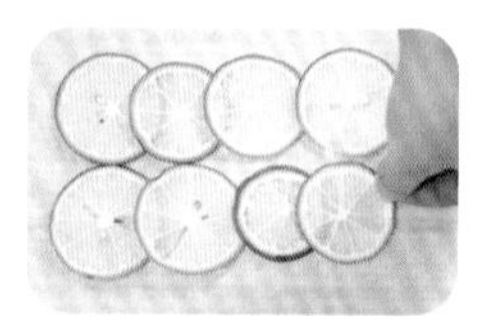

3 取一张油纸，在油纸中间横向重叠摆两排青柠檬片，上下各 4 片，共 8 片。

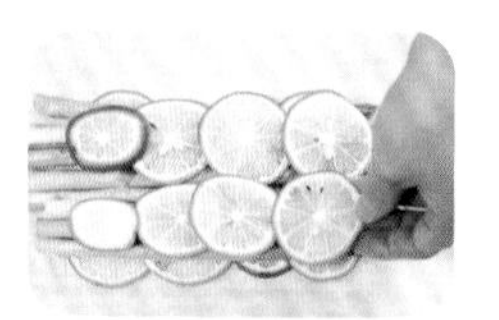

4 在青柠檬片上摆好芦笋，撒少许盐，淋入蜂蜜，在芦笋上面铺好剩余的柠檬片，倒上橄榄油。

5 用油纸将食材包裹起来，外面再包裹一层锡纸。

6 烤箱上下火 180℃ 预热 3 分钟，将食材放入烤盘中，放入烤箱上下火烤 20 分钟。

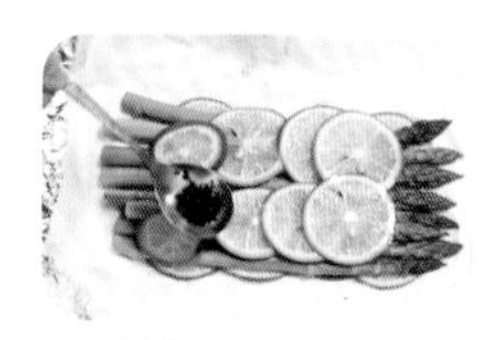

7 烤好后取出，均匀撒上黑胡椒粉即可。

这一口浓稠谁不爱

西湖牛肉羹

烹饪时间：15 分钟

烹饪难度：中等

主料

牛里脊 150 克 | 鸡蛋 2 个

鲜香菇 3 朵

辅料

姜 1 片 | 香菜 2 根 | 淀粉 10 克

料酒 2 茶匙 | 白胡椒粉 1/2 茶匙

香油少许 | 盐适量

烹饪秘籍

牛肉末剁碎后一定要用凉开水调开，不然焯水时会成团；勾芡时想浓稠一些就多放些水淀粉，反之则少放些；下蛋清时一定要沿一个方向搅拌，这样出来的蛋花才漂亮。

做法

1 姜片洗净剁碎末；香菜洗净切末备用。

2 牛里脊洗净剁成肉末，放入碗中加凉开水搅拌开来。

3 鲜香菇洗净后也剁成碎末备用。

4 锅中入水烧开，下牛肉末、姜末，加入料酒，焯水后捞出备用。

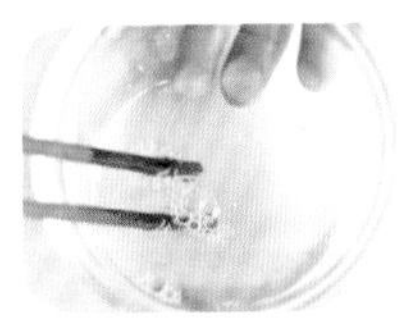

5 鸡蛋敲开只取蛋清，并将蛋清用筷子打散；淀粉加水调开。

6 锅中再烧开水，下牛肉末、姜末、香菇末，煮开后下调好的水淀粉勾芡。

7 再慢慢倒入蛋清，并沿一个方向搅拌，至蛋花呈絮状。

8 最后加白胡椒粉、盐调味；滴少许香油；撒上香菜即可。

鸡蛋还能这样做

彩椒培根北非蛋

烹饪时间：15 分钟
烹饪难度：简单

主料

番茄 200 克 | 樱桃小番茄 150 克
鸡蛋 1 个（约 60 克）

辅料

洋葱 50 克 | 红、黄彩椒共 50 克
培根片 2 片（约 50 克）
苦菊叶 2 片 | 盐 2 克 | 小茴香少许
黑胡椒粉少许 | 橄榄油少许

做法

1 红、黄彩椒洗净，切成 1 厘米左右的块状，备用；洋葱洗净，切成 1 厘米左右的块状，备用。

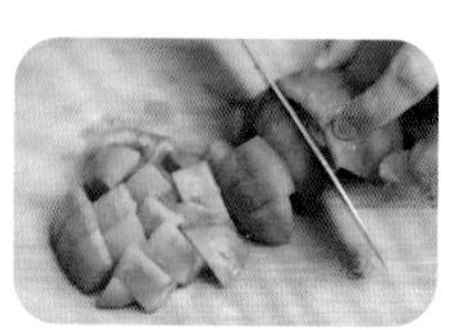

2 培根片切成 1 厘米左右的块状，备用；番茄洗净，切成 1 厘米左右的块状，备用。

3 樱桃小番茄洗净，切成两半，备用；苦菊叶洗净，备用。

4 平底锅刷一层橄榄油，先放入红、黄彩椒和洋葱爆香。

5 再加入番茄、樱桃小番茄、培根继续翻炒至番茄出汁。

6 在食材中间挖出一个圆形，将鸡蛋打进去。

7 盖上锅盖，焖至鸡蛋成形后撒上黑胡椒粉、盐、小茴香调味，关火。

8 将烹饪完成的彩椒培根北非蛋上桌，放上苦菊叶点缀即可。

墨西哥味道
牛肉塔可

烹饪时间：50 分钟
烹饪难度：简单

主料

墨西哥 U 形玉米脆饼 2 张
番茄 180 克 | 牛肉 150 克
红、黄甜椒共 80 克

辅料

叶生菜 2 片 | 洋葱 40 克
小米椒 2 个 | 牛油果蒜香酱 20 克
橄榄油 1 汤匙 | 盐 2 克 | 料酒 1 茶匙
黑胡椒粉少许

烹饪秘籍

如果时间充裕，牛肉可以多腌制一会儿，这样比较入味。

做法

1 小米椒洗净，切圈备用。

2 牛肉洗净，切成 1 厘米左右厚的片，倒入料酒、小米椒、盐、黑胡椒粉腌制 30 分钟。

3 红、黄甜椒洗净，切成细丝，备用；番茄洗净，切成薄片备用。

4 洋葱洗净，切成细丝备用；叶生菜洗净，控干水分备用。

5 炒锅加热，倒入橄榄油，放入腌制好的牛肉，小火煎熟。

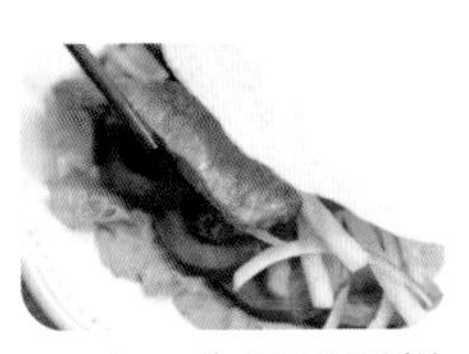

6 取一张墨西哥饼皮，将处理好的叶生菜、番茄、红黄甜椒、洋葱、牛肉依次放入饼中。将剩下饼皮按照此方法制作完成。

7 在饼上分别涂抹上牛油果蒜香酱即可。

网红早午餐

班尼迪克蛋

烹饪时间：20 分钟
烹饪难度：中等

主料

鸡蛋 2 个（约 100 克）
火腿 1 片（约 30 克）
英式松饼 1 个（约 150 克）

辅料

白醋 1 茶匙 | 黄油 50 克
柠檬汁 1 茶匙 | 盐 1 茶匙
橄榄油 1 汤匙 | 米醋 1 茶匙

烹饪秘籍

制作荷兰酱的秘诀之一是要不停地搅拌，即便有其他材料加入也要不停地搅拌；二是分次加入的黄油可以保存在一个始终隔着热水的大碗中，防止黄油遇冷重新凝固。

做法

1 将 1 个鸡蛋的蛋黄和蛋清分离，留蛋黄备用。黄油加热至化开。

2 取一个耐热的容器，放入蛋黄和白醋，隔水加热后打散。

3 将化黄油分次加入蛋液中，迅速搅打至浓稠后关火。

4 待酱汁稍冷却后，加入适量的柠檬汁和盐，混合均匀，即成荷兰酱，备用。

5 取一平底锅，加适量橄榄油后加热，放入火腿片，小火煎至火腿片边缘微焦后盛出。

6 将英式松饼放入面包炉后烘烤 5 分钟后取出，对半切开。

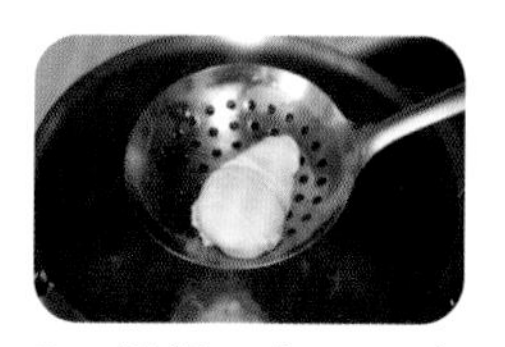

7 起锅，加 500 毫升水烧开，加米醋，用筷子或漏勺在水里划圈成漩涡状，打入 1 个鸡蛋，中火煮 2 分钟待蛋白凝固后盛出沥水。

8 将松饼放入盘上，依次摆上火腿片和水波蛋后，淋上荷兰酱即可。

大口啃才过瘾

黑椒蜜汁鸡腿

烹饪时间：35 分钟（不含腌制时间）

烹饪难度：中等

主料

鸡腿 4 只

辅料

黑胡椒碎 2 茶匙 | 姜 5 克 | 蒜 2 瓣
酱油 2 汤匙 | 红酒 2 汤匙
蜂蜜 2 汤匙 | 香油 1 汤匙
绵白糖 2 茶匙 | 盐适量

烹饪秘籍

鸡腿不易入味，所以要划几刀，腌制的时间也要够长；且腌制期间要注意翻动，这样才能保证腌制得均匀。

做法

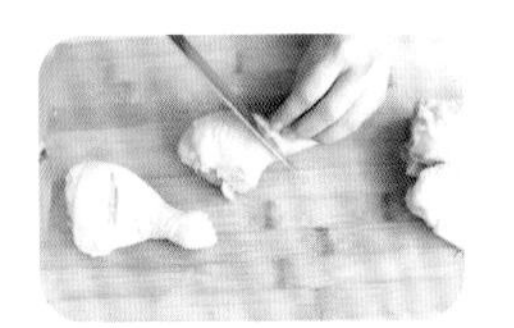

1 鸡腿仔细清洗干净，用刀在表面划几刀。

2 姜、蒜去皮洗净，切薄片备用。

3 鸡腿装大碗中，放入切好的姜片、蒜片。

4 再加入黑胡椒碎、酱油、红酒、绵白糖、盐搅拌均匀，腌制 2 小时以上。

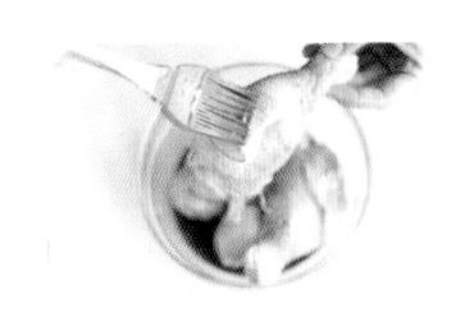

5 腌制好的鸡腿取出，用刷子均匀刷上腌制时的酱汁。

6 将蜂蜜和香油倒入小碗中，调匀成蜜汁备用。

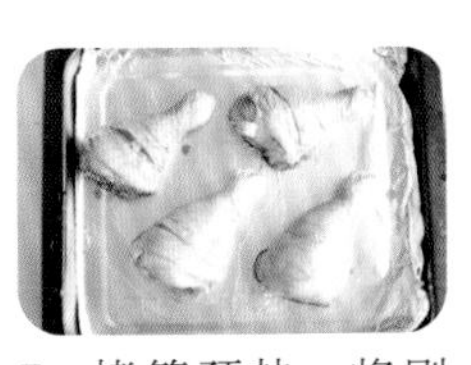

7 烤箱预热，将刷好酱汁的鸡腿放入烤盘中，再放入烤箱，200℃烤约 30 分钟。

8 30 分钟后，将鸡腿取出，均匀刷上调好的蜜汁，再送入烤箱烤 5 分钟即可。

冬夏两吃

红糖桂花芋头

烹饪时间：40 分钟
烹饪难度：简单

主料

小芋头 8 个

辅料

红糖 1 汤匙 | 干桂花 3 克
藕粉 20 克

做法

1 小芋头洗净，放入蒸锅中蒸熟，剥去皮备用。

2 蒸熟的芋头放入砂锅中，倒入适量清水和红糖，大火烧开后转小火煮 20 分钟。

3 藕粉加少许清水稀释一下，倒入砂锅中搅匀，转大火收汁。

4 待汤汁浓稠时，撒入干桂花即可。

烹饪秘籍

小芋头不要蒸得太过软烂，能剥皮即可，加红糖后再煮至软糯。

这浓香不忍怠慢

酱油虾

烹饪时间：8 分钟
烹饪难度：简单

主料

鲜虾 350 克

辅料

青尖椒 1 个 | 红尖椒 2 个 | 姜 5 克
蒜 2 瓣 | 酱油 1/2 碗 | 油适量

烹饪秘籍

鲜虾挑去虾线洗净后加少许料酒腌制一下，虾肉会更鲜嫩。

做法

1 鲜虾用流水清洗干净，开背挑去虾线，沥干水分待用。

2 青尖椒、红尖椒去蒂去子后洗净，并切碎末待用。

3 姜去皮洗净切姜末；蒜剥皮、洗净后切成末。

4 锅中倒入适量油烧至八成热。

5 下沥干水分的鲜虾炸至变色后捞出沥油。

6 锅中留少许底油，下姜末、蒜末、青尖椒末、红尖椒末煸至出香味。

7 倒入酱油，并加入少许清水熬制 2 分钟左右关火待用。

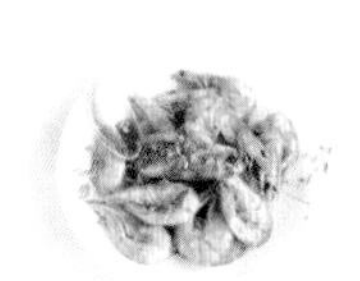

8 将炸好的虾装入深盘中，均匀淋上熬制好的酱油汁即可。

口感嫩滑有营养

彩椒炒鸡丁

烹饪时间：40分钟
烹饪难度：简单

主料

鸡腿肉300克 | 青椒1个 | 红椒1个
黄椒1个

辅料

盐、鸡精各1/2茶匙 | 绵白糖1/2茶匙
蚝油4茶匙 | 料酒1汤匙
葱末、姜末各8克 | 油3汤匙

烹饪秘籍

出锅前，也可勾少许薄芡，令菜品更有光泽，若不喜欢勾芡，则可省此步骤。

做法

1 将鸡腿肉切块。如果嫌鸡腿肉不容易处理的话，也可以用鸡胸，只不过口感不如鸡腿肉滑嫩。

2 青椒、红椒、黄椒分别去蒂去子，洗净后，切成小方片备用。

3 将鸡腿肉用蚝油、料酒抓拌均匀，腌制入味备用。腌制时间在20分钟以上为宜。

4 锅中放油烧至四成热，爆香葱末、姜末。

5 放入鸡腿肉，将其翻炒至变色后，继续炒1分钟左右至其八成熟，盛出备用。

6 锅中留少许油，将青椒、红椒、黄椒放入煸炒1分钟左右。去掉其中的生涩气味。

7 加入鸡腿肉炒匀。由于鸡肉刚才已经炒到了八成熟，所以这里炒制时间最好控制在2分钟以内。

8 放入盐、鸡精、绵白糖翻炒均匀即可。

浓润香滑

菠菜土豆浓汤

烹饪时间：30 分钟
烹饪难度：简单

主料

菠菜叶 80 克

辅料

土豆 50 克 | 牛奶 200 毫升
洋葱 100 克 | 橄榄油 20 毫升
黑胡椒粉 1 克 | 蒜 2 瓣
盐、面包丁各适量

做法

1 土豆洗净、去皮、切丁；洋葱去皮、切碎；蒜去皮、切片。

2 菠菜叶洗净，放入开水中焯烫 40 秒，捞出备用。

3 炒锅中倒入橄榄油烧至五成热时，加入蒜片炒香，再放入土豆丁和洋葱碎炒熟。

4 把焯过的菠菜叶、炒熟的土豆丁、洋葱碎一起放入料理机中，加入少量清水，高速打成菠菜浓汁。

5 将菠菜浓汁倒入另一煮锅中，随后加入牛奶开中小火熬煮，待开锅浓稠时关火。

6 向浓汤中撒入黑胡椒粉和适量的盐，搅拌均匀，点缀面包丁即可。

烹饪秘籍

可以提前煮熟土豆，省去过油炒熟的步骤，以便节省时间。

不可辜负的快手菜

虾酱空心菜

烹饪时间：10 分钟
烹饪难度：简单

主料

空心菜 300 克

辅料

虾酱 3 汤匙 | 蚝油 2 茶匙
淀粉 1/2 茶匙 | 生抽 2 汤匙
香油 1 茶匙 | 红尖椒 1 根
植物油 3 汤匙 | 蒜 3 瓣
姜 2 片

做法

1 空心菜择洗净，沥干水分，将菜秆与菜叶切开，再将秆与叶分别切成长约 4 厘米的段。

2 红尖椒洗净，切成圈；姜切末；蒜去皮，压成蓉。

3 蚝油与虾酱混合在一起，搅拌均匀。

4 将淀粉、生抽、香油混合，加入少量清水调成勾芡汁。

5 炒锅中倒入植物油，烧至七成热时放入姜末、蒜蓉、辣椒圈爆香，再下入蚝油虾酱炒香。

6 放入菜秆大火翻炒 1 分钟，再放入菜叶大火快炒 1 分钟，倒入勾芡汁勾芡，关火即可。

烹饪秘籍

烹饪这道菜一定要大火快炒，从菜入锅开始不超过 3 分钟出锅。蚝油和虾酱都有咸味，不用额外加盐。

十分满足的早餐

番茄培根厚蛋烧

烹饪时间：20 分钟
烹饪难度：简单

主料

番茄 1 个 | 鸡蛋 3 个

辅料

香葱 1 根 | 培根 2 片 | 胡椒粉 1 克
橄榄油 20 毫升 | 熟白芝麻 1 克
盐适量

做法

1 番茄洗净，在顶部划“十”字，用开水烫一下，剥去皮，切碎丁。

2 香葱去根、洗净，切碎；培根切丁；鸡蛋打入大碗中，打散成鸡蛋液。

3 向鸡蛋液中加入番茄丁、培根丁、香葱碎、胡椒粉、30 毫升清水、适量盐，搅拌均匀。

4 平底锅中倒入橄榄油，烧至五成热时加入混合蛋液，晃匀摊平。

5 用小火慢煎，待厚蛋饼底部凝固变熟，上面还稍微有一点生时，将厚蛋饼从一侧向另一侧卷起。

6 卷起后出锅切段，均匀撒上熟白芝麻即可。

烹饪秘籍

1 番茄焯烫去皮，切得细碎一些，方便将厚蛋饼卷起，也不会出现撑破蛋皮的情况。
2 在卷厚蛋烧的过程中，上面生的部分也会逐渐变熟。

吃素也很美

杏鲍菇炒玉米粒

烹饪时间：25 分钟
烹饪难度：简单

主料

熟玉米粒 200 克 | 杏鲍菇 80 克

辅料

胡萝卜半根 | 植物油 3 茶匙
黑胡椒粉 1 克 | 绵白糖 1/2 茶匙
淀粉 1/2 茶匙 | 盐适量
熟松子仁 1 茶匙

做法

1 杏鲍菇洗净、切丁。

2 胡萝卜洗净，去皮，切丁。

3 淀粉中加入少许清水，调成水淀粉。

4 炒锅中倒入植物油，烧至七成热时放入杏鲍菇丁、胡萝卜丁，中火翻炒 3 分钟。

5 再加入熟玉米粒快炒 2 分钟，随后放入绵白糖、黑胡椒粉、适量盐调味。

6 倒入水淀粉勾芡，撒入熟松子仁搅匀即可。

烹饪秘籍

如果选择生玉米粒，可以提前焯水，避免熟度不均匀，但要沥干水分。

自带魔力

奶香蜂蜜玉米汁

烹饪时间：30 分钟
烹饪难度：简单

主料

甜玉米粒 250 克 | 牛奶 200 毫升

辅料

枸杞子 15 粒 | 绵白糖 1 茶匙
坚果碎 2 克 | 蜂蜜适量

做法

1　甜玉米粒洗净，冷水入锅，大火烧开至煮熟，捞出，沥干水分备用。

2　枸杞子洗净备用。

3　将熟玉米粒、枸杞子、牛奶、绵白糖一同放入料理机，加入少量清水，打成细腻的浓汁。

4　打好的玉米汁盛出，撒入坚果碎，淋入蜂蜜即可。

烹饪秘籍

1 打玉米汁时，可根据自己喜好的浓稠度加入适量清水。
2 使用熟玉米粒操作更快捷。

真想吃个痛快

南瓜鸡腿焖饭

烹饪时间：1小时
烹饪难度：中等

主料

南瓜200克 | 鸡腿2个
大米180克

辅料

洋葱25克 | 香菇3朵
香葱1根 | 熟青豆15克
酱油60毫升 | 料酒3汤匙
胡椒粉1克 | 植物油3汤匙
绵白糖1/2茶匙 | 盐适量

做法

1 鸡腿洗净，除去鸡腿骨，将鸡腿肉切成小块，加入30毫升酱油、料酒、胡椒粉、适量盐腌制20分钟。

2 南瓜洗净、去皮、切丁；洋葱去皮、切丁；香菇、香葱分别洗净，去根、切碎。

3 炒锅中倒入植物油，烧至七成热时加入洋葱丁炒香，放入鸡腿肉炒至金黄色，下入南瓜丁翻炒3分钟。

4 再放入香菇碎和熟青豆翻炒3分钟，加入绵白糖和适量盐炒匀。

5 大米淘净放入电饭煲内，加入炒好的南瓜鸡腿肉丁，均匀淋入剩余酱油，加适量清水，启动焖饭程序。

6 待饭焖好后，用木铲搅拌均匀，撒入葱花即可。

烹饪秘籍

1 南瓜和香菇会出水，因此焖饭时加水量要比平时少一些。
2 为防止食材的熟度不均匀，蔬菜、肉类需要提前炒一下，这样也会更入味。

烹饪时间：1小时
烹饪难度：中等

回味悠长

韭黄虾仁馄饨

主料

韭黄100克 | 猪肉糜100克
虾仁12只 | 馄饨皮30片

辅料

鸡蛋1个 | 生抽1汤匙
料酒1汤匙 | 淀粉1茶匙 | 姜2克
五香粉1/2茶匙 | 虾皮10克
即食紫菜5克 | 香菜1根 | 盐适量

烹饪秘籍

如果馄饨皮不好捏紧，可以沾少许清水。
包馄饨时，每个馄饨中放入半个虾仁最好吃。
如果不是即食紫菜，要与馄饨一同入锅煮。

做法

1 鸡蛋打入猪肉糜中，加入生抽、料酒、淀粉、适量盐，顺时针搅拌上劲。

2 韭黄择洗净，切碎；姜去皮，切末；香菜去根，洗净，切末。

3 虾仁去虾线，洗净，每个虾仁切成两半。

4 虾皮冲净，浸泡在清水中10分钟，使用时捞出沥干。

5 将韭黄碎、姜末、虾仁放入猪肉糜中，撒入五香粉和适量盐，搅拌均匀成馅料。

6 取一张馄饨皮，放入一点馅料，用手包起来捏紧。

7 锅中烧开适量清水，下入虾皮煮5分钟，再放入馄饨煮至熟。

8 将香菜末、即食紫菜、少许盐放入耐热的碗中，捞入煮熟的馄饨，浇上八分满的馄饨汤搅匀即可。

在家轻松做

茄子奶酪比萨

烹饪时间：1 小时 40 分钟　烹饪难度：中等

主料

长茄子 1 个 | 面粉 120 克

辅料

鸡蛋 1 个 | 酵母粉 2 克 | 番茄半个 | 小米椒 2 个 | 番茄酱 3 汤匙 | 马苏里拉奶酪碎 130 克 | 化黄油 75 克 | 蒜 4 瓣 | 绵白糖 1 茶匙 | 盐适量

做法

1 向面粉中加入绵白糖、盐适量、60 克化黄油，揉搓成颗粒状。

2 再向面粉中加入鸡蛋、酵母粉，分几次倒入适量温水，边加温水边揉面，揉成干湿适中的光滑面团。

3 将面团用保鲜膜包裹起来，发酵至2倍大。

4 长茄子洗净，切成小块；番茄洗净，切丁；蒜去皮，压成蓉；小米椒去蒂、洗净，切细碎。

5 取一个 8 寸烤盘，烤盘上涂抹上 5 克化黄油待用。

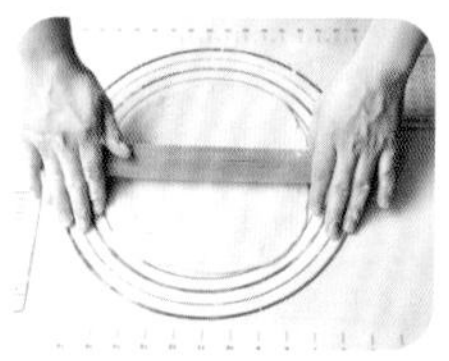

6 面团撕去保鲜膜，将面团擀成烤盘大小的饼坯，去掉周边多余的面皮，在上面涂抹剩余的化黄油。

7 小米椒碎放入番茄酱中拌匀，涂抹在饼坯上，再依次均匀地撒入长茄子丁、蒜蓉、番茄丁及马苏里拉奶酪碎。

8 烤箱 200℃上下火预热 3 分钟，放入烤盘中的比萨，烤箱 200℃上下火烤 25 分钟至奶酪呈金黄色即可。

烹饪秘籍

1 小米椒用料理机搅打成泥更好。

2 撒入的奶酪碎要完全覆盖住下面的食材。

万能的蒜泥

蒜泥白肉

烹饪时间：40 分钟　烹饪难度：简单

主料

带皮五花肉 300 克（要整块，先不要切）
黄瓜 1 根

辅料

小米椒 2 根 | 花椒粉 1/2 茶匙 | 盐、鸡精各 1/2 茶匙
香葱 15 克 | 姜 10 克 | 蒜 6~8 瓣 | 熟白芝麻 5 克
红辣椒油 1 汤匙 | 料酒 2 茶匙 | 生抽 3 茶匙
绵白糖 10 克 | 香油 1 茶匙

做法

1　香葱、姜、蒜洗净，香葱一半切段、一半切末，姜一半切片，一半切末，蒜打成蒜泥，小米椒洗净，用剪刀剪成辣椒圈。

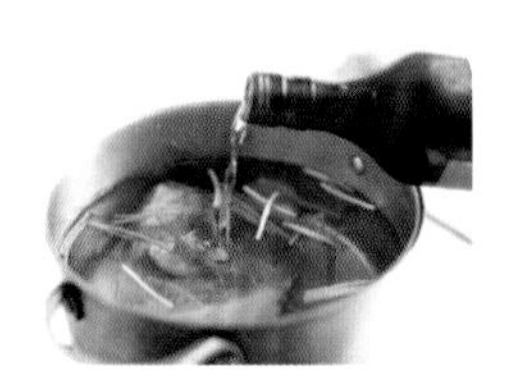

2　锅中放入清水，然后放入姜片、葱段、料酒，冷水放入猪肉，大火煮开。

3　将锅里的浮沫撇去，用中小火继续煮，直至猪肉熟透，将其捞出放凉备用。

4　黄瓜洗净后，斜刀切成 3 毫米的薄片，摆在盘底，备用。

5　取一个小碗，将葱末、姜末、蒜泥、辣椒圈放入碗中，加入盐、鸡精、绵白糖、花椒粉、生抽、辣椒油、香油、熟白芝麻调成酱汁。

6　将凉凉的猪肉切成厚度在 3 毫米左右的大片。

7　将切好的白肉放在切好的黄瓜片上。

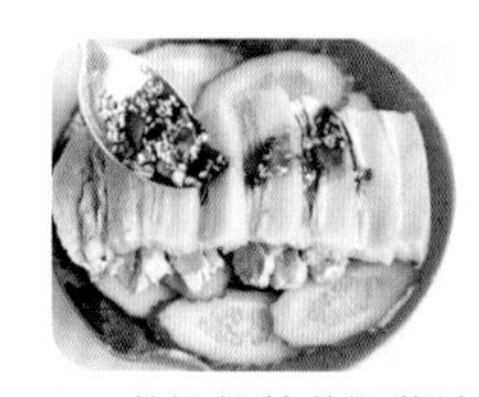

8　将调好的蒜泥酱汁浇在白肉上，即可食用。

烹饪秘籍

可根据个人口味不同酌情增减蒜泥用量。蒜泥的制作方法是将大蒜洗净去皮后，用刀背拍松，再放入捣蒜缸内，加少许盐，上下用力，捣成泥即可。如蒜泥水分偏少，可加 1 茶匙温水调匀。

原汁原味

梅菜芋香红烧肉

烹饪时间：90 分钟　烹饪难度：困难

主料

五花肉 400 克 | 大芋头 200 克
梅干菜 1 小把

辅料

冰糖 20 克 | 姜 15 克 | 葱 10 克 | 盐 1/2 茶匙 | 鸡精 1/2 茶匙
料酒 3 汤匙 | 生抽 1 茶匙 | 老抽 3 茶匙 | 油 3 汤匙

做法

1　将五花肉洗净，放入冷水锅中煮至表面变色后捞出，切成 2.5 厘米见方的肉块，备用。

2　梅干菜冷水泡发后切段，芋头去皮洗净，切成滚刀块，葱、姜洗净，葱切 3 厘米左右的段，姜切片。

3　锅中放油烧至五成热，放入冰糖炒至颜色变成棕褐色时，放入五花肉块小火翻炒均匀挂上糖色。

4　将葱段、姜片下锅，加老抽、生抽、料酒、盐、鸡精炒匀，加热水没过食材，大火烧开转小火。

5　在锅中放入切好的梅干菜，盖上锅盖再继续小火焖煮半小时。

6　另取一锅，放较多油烧至五成热时，下芋头炸至表面金黄后捞出沥油，取一大碗将其铺在碗底。

7　将锅内焖煮好的肉和梅干菜连汤一起倒入装有芋头的碗中，并用盘子盖住。

8　再将此碗放进高压锅内，隔水压 20~30 分钟后，取出扣在碗上的盘中即可。

烹饪秘籍

家中如果没有高压锅，最后一步可以在普通蒸锅内完成，只是需要蒸的时间延长一些。往盘中扣肉时，要留心若碗内汤汁是否过多，先将汤汁滗出，待扣好肉后再浇在肉上，以免烫伤。

丰收的味道

彩蔬炒面

烹饪时间：25 分钟
烹饪难度：简单

主料

切面 300 克 | 火腿片 100 克

辅料

圆白菜 100 克 | 胡萝卜 50 克
洋葱 50 克 | 蒜 2 瓣
生抽 2 茶匙 | 蚝油 1 茶匙
黑胡椒粉 1/2 茶匙 | 绵白糖 1/2 茶匙
油适量 | 盐适量

做法

1　火腿片切成窄条。胡萝卜去皮切细丝，洋葱去老皮切窄条，圆白菜去梗切粗丝。蒜去根、去皮，切成小粒。

2　汤锅加足量水，水开后下面条煮到七成熟，捞出过凉水，充分沥干。过凉可让炒出的面更加筋道。

3　中火加热炒锅，锅内放入油，烧至六成热时下蒜粒爆香。

4　下胡萝卜丝，翻炒约 30 秒，炒到略变软。放入火腿条和洋葱条，快速翻炒。

5　转大火，下圆白菜丝，快速炒匀后放入煮好的面条。

6　放入全部调料，大火快速拌炒均匀即可出锅。

烹饪秘籍

炒面条的全过程，一直使用大火，炒的时候动作尽量快速，炒匀即可，这样才能炒出锅气十足、干爽筋道的炒面。面条煮后不马上炒的话要拌入适量油，以免粘连。选择圆形的鲜切面，做出的炒面筋道不易烂。

烹饪时间：30 分钟
烹饪难度：中等

京城风味

卤汁豆腐脑

主料

内酯豆腐 1 盒 | 干木耳 10 克
干香菇 3 个 | 酱牛肉 100 克
鸡蛋 1 个

辅料

大葱 3 克 | 姜 3 克 | 八角 1/2 个
花椒 1/2 茶匙 | 料酒 2 茶匙
生抽 1 汤匙 | 蚝油 2 茶匙
香油 1/2 茶匙 | 水淀粉适量
油少许 | 盐适量 | 香菜碎 10 克

烹饪秘籍

这款卤汁用了跟老北京传统打卤面的卤相似的制作方法，只是简化了一些步骤，制作的量也比较少。鸡蛋液淋入后即可关火，利用锅的余温足以将鸡蛋烫熟，而且蛋花不老。淋入蛋液后不要搅拌，蛋花能保持大片的状态。

做法

1 木耳提前泡发，洗净，去根后撕成小块。干香菇泡发，去蒂，洗净后切薄片。

2 酱牛肉切成大颗粒。大葱不切，姜切大片，方便最后挑出来。将花椒、八角放入调料盒。

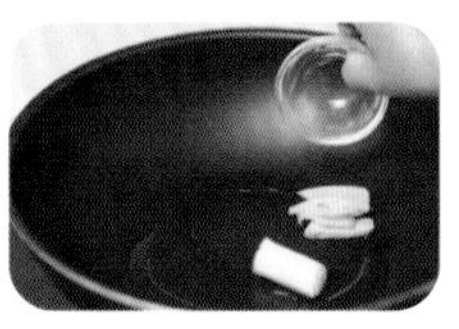

3 小火加热炒锅，锅中放少量油，油温热后下葱段、姜片炸出香味。

4 放入木耳和香菇，转中火煸炒 1 分钟。放入料酒、生抽和蚝油，炒匀。

5 加入一碗清水，放入调料盒转大火煮开。汤汁沸腾后放入酱牛肉，加入水淀粉勾芡，将汤汁勾调到浓稠。

6 再次沸腾后转小火，取出调料盒淋入打散的蛋液，不要搅拌，关火，加香油后盖上锅盖。

7 内酯豆腐放入碗中，蒸锅上汽后将碗放入锅中，蒸 10 分钟后取出。

8 打开盛卤汁的锅的锅盖，略搅拌，调入适量盐，浇在蒸好的内酯豆腐上。在表面撒香菜碎即可。

健康定制私房味

鹰嘴豆羊肉饼

烹饪时间：25 分钟
烹饪难度：简单

主料

羊肉末 200 克 | 罐头鹰嘴豆 60 克

辅料

食用油 1 汤匙 | 面粉 2 汤匙
洋葱 30 克 | 大蒜 20 克 | 欧芹 20 克
盐 1 茶匙 | 孜然粉 2 茶匙
粗粒辣椒粉 2 茶匙 | 小茴香粉 1/2 茶匙
姜黄粉 1/2 茶匙

做法

1 洋葱、大蒜、欧芹切细末。

2 罐头鹰嘴豆充分沥干水分，压成泥。

3 在料理盆中加入羊肉末和鹰嘴豆泥拌匀。

4 再将除食用油和面粉以外的所有调料加入盆中，搅拌至上劲有黏性。

5 把羊肉馅团成 50 克一个的球压扁，两面蘸少许面粉备用。

6 不粘锅加入食用油烧热，放入羊肉饼，中小火两面煎至焦黄即可。

烹饪秘籍

欧芹属于欧式香草，买不到欧芹，可以用芹菜、香菜代替。

CHAPTER

明目护眼食谱：目光炯炯好神气

无泡椒不成美味

泡椒炒猪肝

烹饪时间：10 分钟
烹饪难度：中等

主料

猪肝 400 克

辅料

泡椒 100 克 | 泡姜 50 克
青椒 1 个 | 青蒜苗 150 克
料酒 1/2 汤匙 | 淀粉 2 茶匙
白胡椒粉 1/2 茶匙 | 盐 1/2 茶匙
油适量

烹饪秘籍

清洗猪肝时一定要在流水下反复多次冲洗，必要时可在清洗的水中加适量小苏打，然后用清水冲洗干净即可。

做法

1 猪肝仔细洗净，切成大小适中的薄片待用。

2 切好的猪肝片加入料酒、淀粉、白胡椒粉，抓匀腌制待用。

3 泡椒、泡姜切细丝待用；青蒜苗洗净，切 3 厘米左右长的段。

4 青椒去蒂、去子，洗净，切细丝待用。

5 炒锅内倒入适量油，烧至七成热，放入泡椒丝、泡姜丝炒香。

6 放入腌制后的猪肝片，大火快炒至猪肝变色后盛出待用。

7 利用炒猪肝的余油，放入青椒丝、青蒜苗段，快速炒至断生。

8 最后再次倒入炒好的猪肝片，并加盐，大火翻炒均匀即可。

保护视力好帮手

番茄龙利鱼汤

烹饪时间：25分钟
烹饪难度：简单

主料

龙利鱼300克 | 番茄2个（约500克）

辅料

橄榄油1汤匙 | 淀粉1汤匙 | 盐2克
绵白糖1克 | 生姜片5克
黑胡椒粉1克 | 薄荷2片

烹饪秘籍

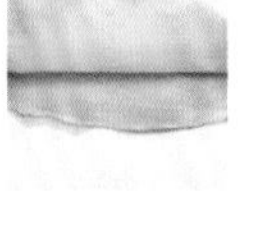

龙利鱼提前从冷冻室拿出，解冻后要用厨房用纸吸干水分，否则会影响口感。不要用温热水解冻，否则会让肉质口感变老。

做法

1 龙利鱼解冻后用厨房纸吸干水分，切成块状，用黑胡椒粉、生姜片腌制10分钟。

2 番茄洗净，去皮，在顶部用刀划一个“十”字，用开水烫一下，去皮，切成小块备用。

3 龙利鱼放入开水中烫3分钟，至肉质变色，捞出备用。

4 热锅倒入橄榄油，倒入番茄不断翻炒5分钟，炒出更多的茄汁。

5 将龙利鱼倒入锅中，加600毫升清水，煮8分钟。

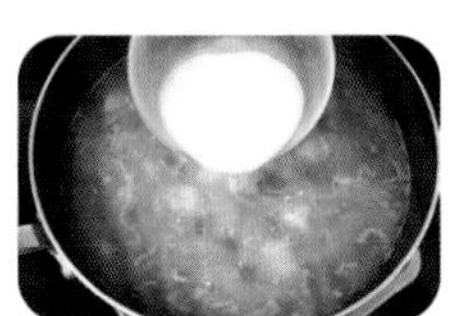

6 淀粉加80毫升清水混合，倒入锅中，大火煮开，收汁使汤浓稠。

7 加入盐和绵白糖调味，装盘，最后加入薄荷点缀。

说好的幸福

儿童版宫保鸡丁

烹饪时间：25 分钟
烹饪难度：简单

主料

鸡胸肉 80 克 | 黄瓜 30 克
胡萝卜 30 克

辅料

橄榄油 1 汤匙 | 盐 2 克 | 淀粉 2 克

做法

1 鸡胸肉提前 2 小时解冻，洗净，切丁，用淀粉抓匀，静置片刻。

2 黄瓜、胡萝卜洗净，去皮，切丁。

3 热锅放橄榄油，放入鸡肉丁翻炒，再放入黄瓜丁、胡萝卜丁。

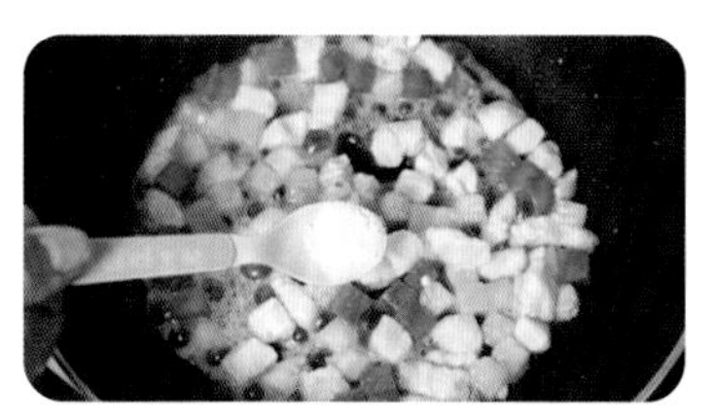

4 加 60 毫升清水，大火煮熟，起锅前放盐，搅拌均匀，盛出即可。

烹饪秘籍

除了以上食材，还可以添加玉米粒、洋葱粒、土豆丁等，但是不建议加花生米，否则容易卡到幼儿的食道。

变身大力水手

炒菠菜

烹饪时间：20 分钟
烹饪难度：简单

主料

菠菜 400 克

辅料

花生油 1 汤匙 | 盐 3 克 | 蒜蓉 4 克

做法

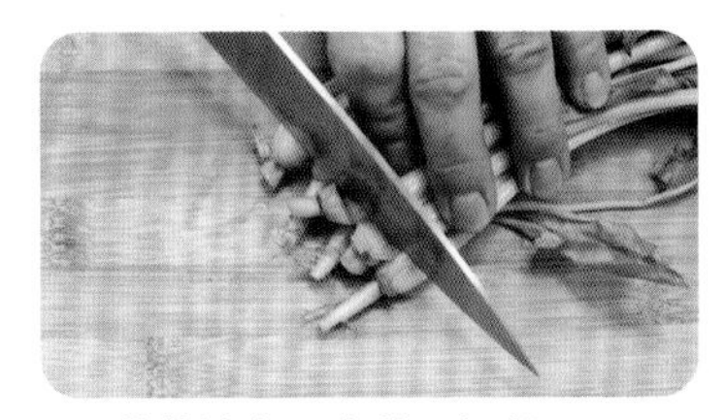

1 菠菜洗净，去蒂，切段。

2 锅里烧开水，放入切好的菠菜，焯烫 1 分钟后捞起，沥干水分。

3 锅里放花生油，下入蒜蓉爆香，放入菠菜稍微翻炒一下。

4 加盐炒匀，就可以出锅了。

烹饪秘籍

菠菜要先用开水焯过，除去草酸，不然口感会发涩。

咸鲜软嫩，营养美味

芦笋龙利鱼饼

烹饪时间：45 分钟
烹饪难度：中等

主料

龙利鱼柳 400 克 | 芦笋 80 克
红甜椒 50 克

辅料

白胡椒粉 1/2 茶匙 | 蛋清 30 克
盐 1/2 茶匙 | 淀粉 1/2 茶匙
食用油 1/2 茶匙

做法

1 将龙利鱼柳洗净后剔除白色的筋膜，铺在干净的案板上，用刀背轻轻地剁成鱼蓉，剁到很细腻为止。

2 鱼蓉剁好后放进干燥的盆或大碗中，往鱼蓉中加白胡椒粉、蛋清、盐和淀粉。

3 用筷子沿同一个方向搅，搅到有点起胶了就准备直接用手搅。

4 洗干净手后，按刚刚筷子搅打的方向从盆底抄起鱼蓉摔打到全部起胶，约 5 分钟。

5 烧一锅热水，芦笋洗净后放入沸水中，看到芦笋变色后就捞出，用凉水冲凉。

6 将凉透的芦笋切成碎粒，洗好的红甜椒也切碎，加进鱼蓉里，用筷子继续按相同的方向搅打 10 分钟。

7 手上蘸点水，挖起一团鱼蓉拍成饼形，放在干净的盘子上。煎锅烧热后刷薄薄一层油，放入鱼饼小火煎至两面金黄。

烹饪时间：30分钟
烹饪难度：简单

软糯弹牙，颜值与口感并存

胡萝卜水晶糕

主料

胡萝卜1根（约100克）
红薯淀粉40克

辅料

油1/3茶匙 | 香芹1根
糖桂花1汤匙

烹饪秘籍

1 焯水后的胡萝卜丝一定要挤干水分，不然放淀粉后会变黏，不利于塑形。

2 胡萝卜也可换成红薯、紫薯、南瓜等任意蔬菜，看个人喜好。

做法

1 把胡萝卜洗净，擦成很细的丝。

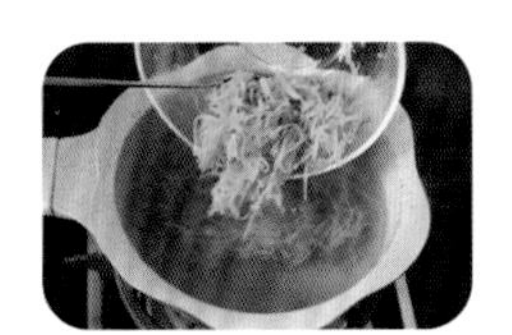

2 锅中烧开水，胡萝卜放进去焯1分钟。

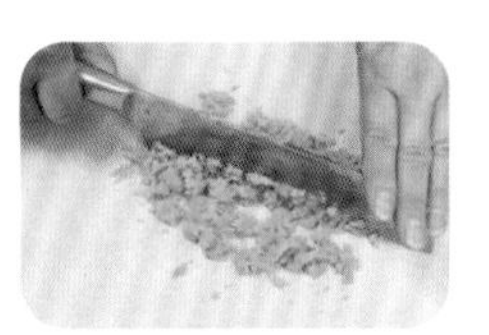

3 捞出挤干水分，用刀剁碎，越碎越好。

4 把胡萝卜碎放大碗中，加红薯淀粉，搅拌至胡萝卜颗粒均匀裹上淀粉。

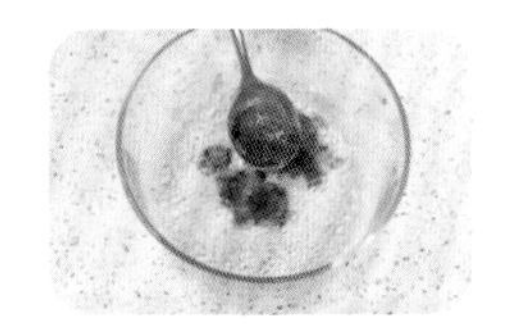

5 放入糖桂花拌匀，增加香甜的口感和黏性，使胡萝卜捏成形状后不易松散。

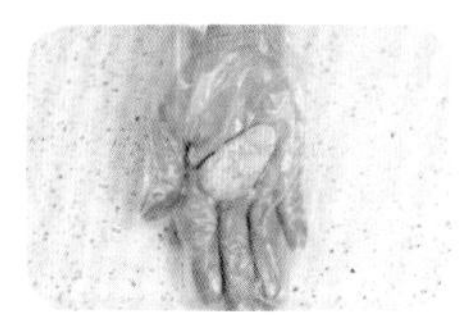

6 将裹满淀粉的胡萝卜碎分成6份，每份用手捏成胡萝卜形状。

7 碟子上刷油，把捏好的迷你胡萝卜放上去，放入蒸锅中火蒸15分钟。

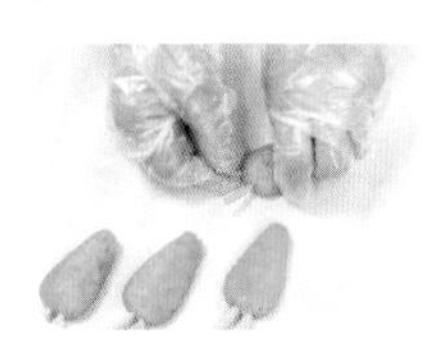

8 香芹洗净，把茎切成约3厘米的小段，把香芹小段插在胡萝卜上即可。

拌一拌就能吃

芝麻菠菜

烹饪时间：25 分钟
烹饪难度：简单

主料

菠菜 150 克 | 白芝麻 30 克
虾皮 10 克

辅料

绵白糖 1 茶匙 | 生抽 1 汤匙
味醂 1 汤匙 | 盐 1 克

烹饪秘籍

菠菜根的营养很丰富，处理菠菜时可不要把菠菜根丢掉哦。

做法

1 菠菜用清水浸泡 20 分钟。

2 锅内放 300 毫升清水，烧开后加盐，放入菠菜焯 3 分钟，至菠菜根部完全变软。

3 将焯好的菠菜沥干水分，切成小段，放入盘中备用。

4 取一平底锅，放入白芝麻，中火炒至芝麻散发出香气。

5 将芝麻倒入研磨器，研磨成碎末。

6 将芝麻碎倒入小碗中，倒入生抽、绵白糖、味醂、1 汤匙纯净水，拌匀成酱汁。

7 将酱汁倒入菠菜中，仔细拌匀，撒上虾皮即可。

满口香甜，暖到心窝里

玉米南瓜土豆泥

烹饪时间：30 分钟
烹饪难度：简单

主料

玉米粒 120 克 | 南瓜 150 克
土豆 80 克

辅料

奶酪片 2 片 | 白胡椒粉 1 克
蜂蜜适量 | 盐 1 克

做法

1 南瓜、土豆分别洗净、去皮，切成小块，放入蒸锅中蒸熟。

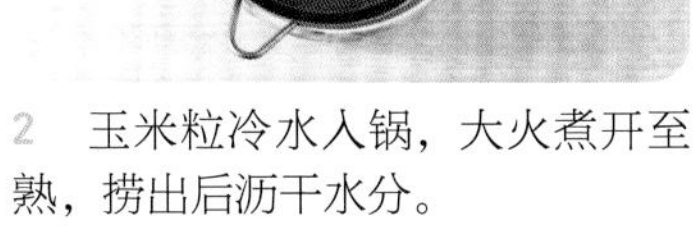

2 玉米粒冷水入锅，大火煮开至熟，捞出后沥干水分。

3 将熟南瓜块、土豆块、玉米粒一同放入搅拌机中，加入奶酪片、白胡椒粉、盐稍微搅打一下。

4 打好的玉米南瓜土豆泥一起盛出，淋入适量蜂蜜即可。

烹饪秘籍

搅打的泥糊不要太碎，有明显颗粒时最好。

俏色生香

胡萝卜烧排骨

烹饪时间：70 分钟
烹饪难度：简单

主料

猪肋排 500 克（商贩代劳切小块）
胡萝卜 2 根

辅料

冰糖 20 克 | 香葱 10 克 | 姜 10 克
蒜 5 克 | 盐 1/2 茶匙 | 鸡精 1/2 茶匙
料酒 2 汤匙 | 生抽 2 茶匙
老抽 2 茶匙 | 油 30 毫升

烹饪秘籍

如果有条件，可以在家事先炒好糖色，放在冰箱里冷藏。做肉的时候，拿出来可以直接用，就会省很多时间。糖色的做法是锅内放底油，加入白糖或冰糖炒至变成棕褐色，有小气泡冒出后，加入一碗清水，烧开后，关火盛出即可。

做法

1 将肋排用清水冲洗，直至去除血水后，捞出控干，斩成 6 厘米左右的段。

2 在肋排中加盐、鸡精、少许料酒搅拌均匀，腌制半小时左右入味。

3 胡萝卜洗净，切成滚刀块，香葱、姜、蒜洗净切成末。

4 锅中放油烧至五成热，将腌好的排骨放入锅中，用小火煎至两面金黄后盛出。

5 锅中留底油，烧热后下姜末、蒜末爆香后，将腌好的排骨倒入锅中翻炒均匀。

6 将生抽、老抽、冰糖、剩余的盐、鸡精、料酒放入锅中翻炒均匀。

7 倒入胡萝卜块，加热水没过锅中食材，大火煮开后转小火焖 40~50 分钟。

8 等锅内汤汁收浓后，即可关火，出锅前撒少许香葱末即可。

烹饪时间：30 分钟
烹饪难度：中等

宽粉炖鱼头

吸溜溜又是一大口

主料

鱼头 1 个 | 宽粉 150 克 | 莴笋 300 克
金针菇 200 克

辅料

蒜末 5 克 | 姜末 5 克 | 葱花 5 克
料酒 1 茶匙 | 生抽 2 茶匙 | 盐 2 茶匙
油适量

烹饪秘籍

莴笋皮一定要削干净，并且连同那层硬茎一同削去，否则会影响口感；如果买来的莴笋根部较老，也切掉不要。

做法

1 鱼头去鳃，仔细清洗干净，用料酒、盐内外涂抹均匀，腌制片刻。

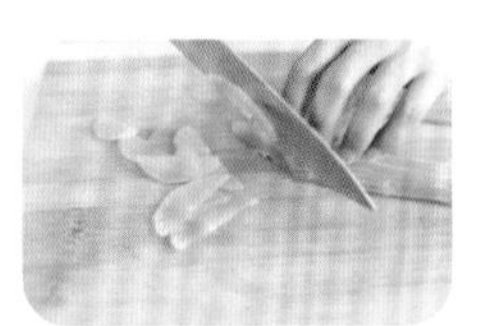

2 利用腌制的时间，将莴笋去皮洗净，切薄片；宽粉用温水泡软，洗净待用。

3 金针菇撕成小束，洗净备用，如果根部有泥沙，可以切去。

4 锅中放入少许油烧至五六成热，放入腌制好的鱼头，煎至两面微焦后，起锅备用。

5 锅内再次倒入适量油烧热，放入姜末、蒜末爆出香味。

6 放入莴笋片，快速翻炒 2 分钟；接着放入金针菇翻炒至变软。

7 再放入煎好的鱼头，并加入适量开水，大火煮至再次开锅后放入宽粉煮 3 分钟左右。

8 开锅后调入生抽，转小火炖煮 20 分钟左右，出锅前加入盐调味，撒入葱花即可。

脆嫩清甜，粒粒分明

玉米蔬菜沙拉三明治

烹饪时间：15 分钟
烹饪难度：中等

主料

吐司 2 片（约 100 克）
玉米 1 根 | 青豆 30 克 | 火腿肠 30 克

辅料

沙拉酱 2 茶匙

做法

1 玉米煮熟，掰下玉米粒。

2 青豆入沸水中煮熟，捞出，沥干水分。

3 火腿肠切成 0.5 厘米见方的丁。

4 将玉米粒、青豆、火腿丁加入沙拉酱，搅拌均匀。

5 烤箱 200℃预热 5 分钟，将吐司放入烤盘，放入烤箱中层，烤 5 分钟至上色。

6 铺一片吐司，放入玉米沙拉，铺厚一些，再盖上一片吐司即可。

烹饪秘籍

可以用厨房纸吸干青豆焯水后的水分，这样搅拌后的沙拉比较黏稠，更易夹入三明治中。

健康低卡

玉米沙拉热狗

烹饪时间：10 分钟
烹饪难度：简单

主料

热狗面包 1 个（约 100 克）
玉米 1 根 | 黄瓜 30 克 | 胡萝卜 30 克
火腿肠 1 根

辅料

沙拉酱 2 茶匙 | 浓稠酸奶 2 茶匙

做法

1 将玉米煮熟，掰下玉米粒。

2 胡萝卜洗净，切成小丁，放入沸水中焯熟，捞出。

3 黄瓜洗净，和火腿肠都切成小丁。

4 将玉米粒、黄瓜丁、胡萝卜丁、火腿丁一起加入沙拉酱、酸奶，搅拌均匀成玉米沙拉。

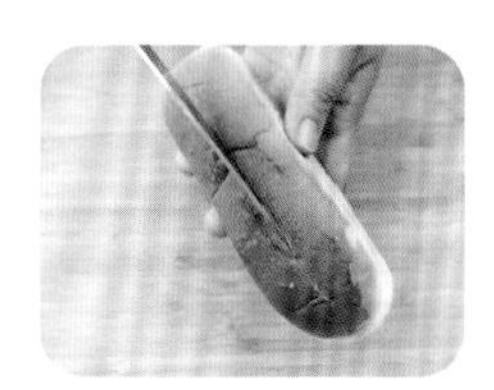

5 将热狗面包竖着从中间切开，但不要切断。

6 将玉米沙拉夹入面包就做好了。

烹饪秘籍

喜欢生食胡萝卜的，胡萝卜丁可以不用焯水，口感更清脆。

造型别致

简单吐司蛋挞

烹饪时间：30 分钟
烹饪难度：简单

主料

吐司 6 片（约 300 克）
鸡蛋 1 个（约 60 克）
牛奶 150 毫升

辅料

细砂糖 2 汤匙

做法

1 在牛奶中加入细砂糖，小火加热至细砂糖溶化。

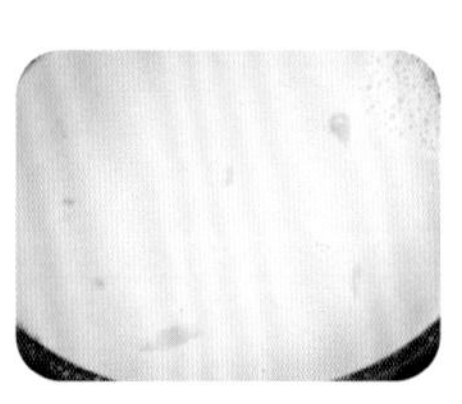

2 将鸡蛋打散成蛋液，倒入牛奶中，搅拌均匀，蛋挞液就做好了。

3 将吐司片切去吐司边，用擀面杖擀薄。

4 将擀好的吐司片放在烤盘模具里，用手按压、贴紧模具。

5 将蛋挞液倒入吐司碗里，烤箱 200℃预热 5 分钟，将吐司蛋挞放入烤箱中层，烤 20 分钟即可。

烹饪秘籍

牛奶小火加热至出现小气泡就可以了，不可过度加热。

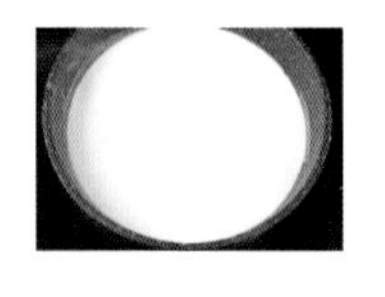

法棍万能搭配

西班牙轻食 塔帕斯

烹饪时间：20 分钟
烹饪难度：简单

主料

法棍面包 1 根（约 100 克）
番茄 150 克 | 香菜 10 克
龙利鱼 100 克

辅料

盐 1/2 茶匙 | 色拉油 1 汤匙
千岛酱适量

做法

1　将法棍面包斜切成 2 厘米厚的面包片，切出 3 片；烤箱预热至 150℃，将面包片放入烤箱中层烤 5 分钟。

2　番茄洗净，去皮，对半切开，用勺子去掉瓤，再切成丁。

3　龙利鱼切成 1 厘米见方的丁，加入盐，腌制 5 分钟。

4　平底锅中倒入色拉油，放入龙利鱼煎熟。

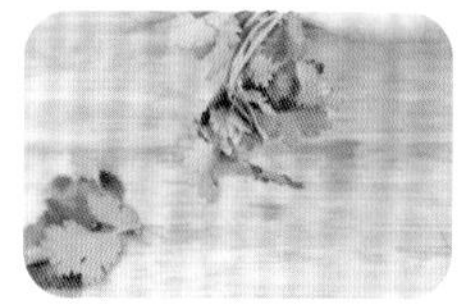

5　香菜洗净，沥干水分，择下香菜叶备用。

6　龙利鱼和番茄丁放在一起，加入千岛酱搅拌均匀。

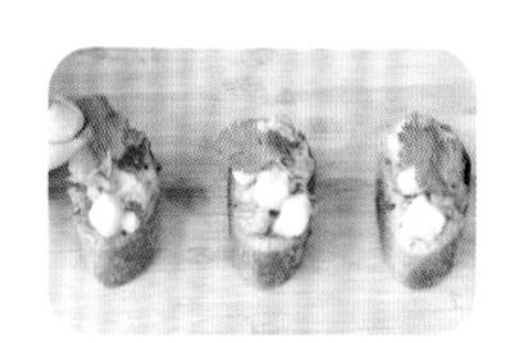

7　面包片铺底，放上拌好的沙拉，撒上香菜叶即可。

烹饪秘籍

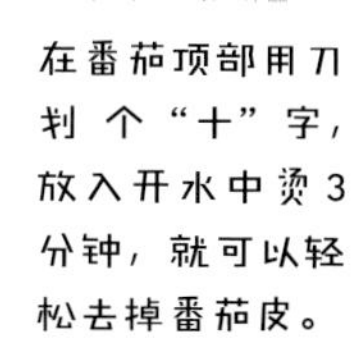

在番茄顶部用刀划个“十”字，放入开水中烫 3 分钟，就可以轻松去掉番茄皮。

烹饪秘籍

可以用压蒜器将大蒜压成泥，还可以用蒜臼捣成泥。

恰到好处的搭配

蒜香切片吐司+双莓牛奶汁

烹饪时间：30 分钟 +10 分钟
烹饪难度：简单

主料

吐司 3 片（约 150 克）
蒜 6 瓣

辅料

黄油 30 克 | 盐 1/2 茶匙
绵白糖 1/2 茶匙

配餐

主料
蓝莓 50 克 | 草莓 100 克
牛奶 200 毫升
辅料
蜂蜜适量

做法

1 将蒜剁成蒜泥，剁得碎一些。

2 黄油在室温下放至变软，加入蒜泥、盐、绵白糖，搅拌均匀成蒜泥黄油。

3 吐司切掉吐司边，再沿对角线切开，切成三角形。

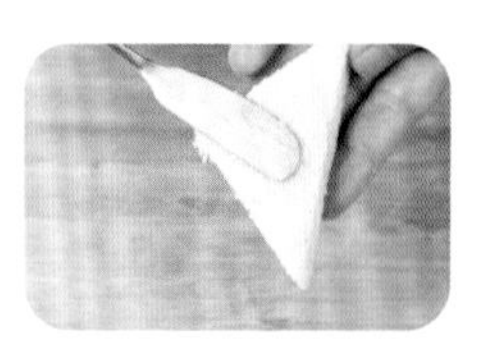

4 将蒜泥黄油均匀抹在吐司片上，正、反面都要抹上。

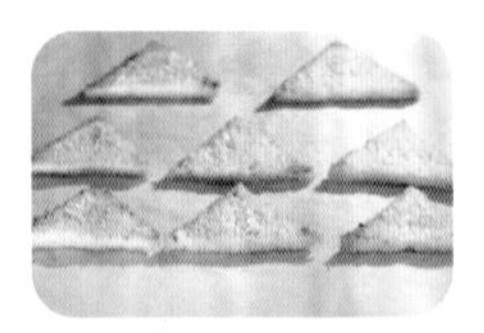

5 烤箱 170℃预热 5 分钟，吐司放于烤箱中层，烤 20 分钟即可。

配餐

1 将蓝莓、草莓洗净，切成小丁。

2 破壁机中放入水果丁，加入牛奶，打成汁。

3 加入适量蜂蜜调味即可。

鲜入骨髓

蚝油小鲍鱼

烹饪时间：10 分钟
烹饪难度：简单

主料

小鲍鱼 500 克 | 杏鲍菇 1 个

辅料

蒜末 5 克 | 葱花 5 克
蚝油 1 汤匙 | 水淀粉 1/2 小碗
盐 1 茶匙 | 油适量

烹饪秘籍

清洗鲍鱼时，用牙刷或者小刷子轻轻地将边上的黑色部分刷掉；加入杏鲍菇一起制作，会更添鲍鱼的鲜味，切杏鲍菇时，可将底部切掉不要。

做法

1 小鲍鱼洗净，开壳取出鲍鱼肉，去掉泥肠内脏后再次冲洗干净。

2 将洗净的小鲍鱼正面切“十”字花刀，底部不要切断。

3 杏鲍菇洗净，竖着对半切开，再切长约 2 厘米的小段。

4 锅内倒入适量水烧开，放入鲍鱼肉，汆烫至鲍鱼肉微微卷起，捞出过凉水。

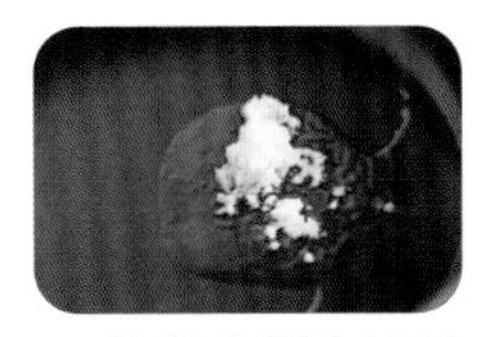

5 炒锅内倒入适量油，烧至七成热，放入蒜末炒至出香味。

6 放入切好的杏鲍菇，中火翻炒至变软，并加盐翻炒调味。

7 再放入汆烫后的鲍鱼肉，翻炒均匀后加一小碗清水，焖煮 3 分钟左右。

8 最后调入蚝油翻炒均匀，倒入水淀粉勾芡，出锅前撒入葱花即可。

彩虹的味道
五彩饭团

烹饪时间：20 分钟
烹饪难度：简单

主料
米饭 200 克

辅料
胡萝卜 50 克 | 干香菇 2 个
火腿肠 1 根 | 莴笋 50 克
鸡精 1/2 茶匙 | 盐 1 茶匙
油少许

烹饪秘籍

做这种蔬菜小饭团，对于蔬菜的种类没有限制。色彩鲜艳的食物能使人心情愉悦，因此注意颜色的搭配即可。如果喜欢吃辣味的，可以在拌饭的时候加一些辣椒酱，同时注意炒配菜的时候盐要减量。

做法

1 胡萝卜、莴笋去皮，干香菇泡发去蒂，冲洗干净。米饭加热回温。

2 处理好的蔬菜和火腿肠，切成同样大小的小丁待用。

3 炒锅放少许油，将蔬菜丁和火腿肠丁炒到略软，加盐、鸡精拌炒均匀。

4 炒好的配菜放入温热的米饭中，切拌均匀。切拌的方法可以更好地保证米粒的完整性。

5 取一张大一些的保鲜膜，对折使保鲜膜两层重叠，增加韧性且不易破。

6 将保鲜膜放在手掌上，挖一勺拌好的米饭放在保鲜膜中央。

7 手掌拢起，将米饭包住，保鲜膜收口处拧紧，使饭团成球状。

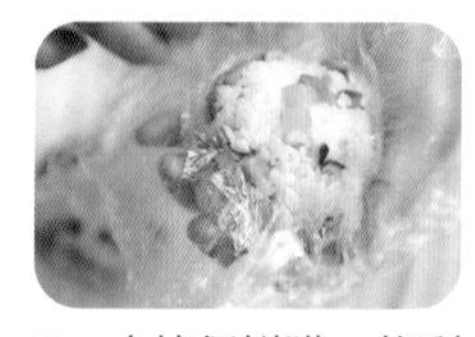

8 去掉保鲜膜，将剩余的拌饭依照同样方法包成饭团即可。

烹饪时间：20分钟
烹饪难度：简单

主料

吐司2片 | 火腿1片 | 圆白菜3片
奶酪1片 | 原味酸奶1杯

辅料

沙拉酱1汤匙 | 黑胡椒粉适量
葡萄干1茶匙 | 腰果1茶匙
甜麦圈3汤匙

妈妈的私房菜
沼三明治 + 谷物酸奶

烹饪秘籍

将吐司用预热到120~150℃的烤箱回烤3~5分钟，会最大程度上恢复现烤的口感，温度越高表面越酥脆。但是烤的时间不能过长，面包片会失去水分变硬。烤过的吐司要放凉后再做三明治，温热状态容易让菜丝出水，而且包裹保鲜膜的时候会产生水汽，让三明治变得潮湿，影响口感。

做法

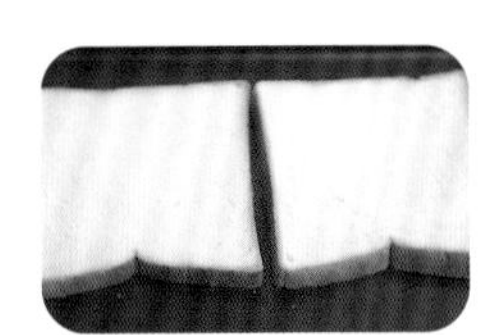
1 吐司放入预热后的烤箱，150℃烘烤10分钟后取出。

2 圆白菜洗净，切成细丝，加入沙拉酱搅拌均匀。

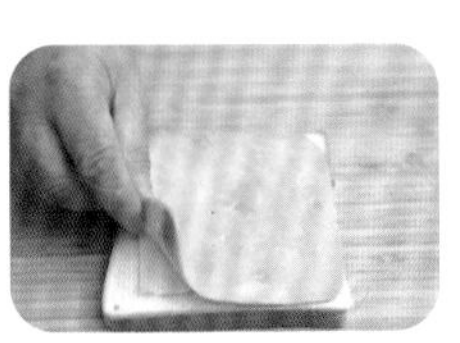
3 取一片吐司，金黄的一面向下，白色的一面向上。放上一片奶酪和一片火腿。

4 铺上拌好的圆白菜丝，尽量铺平，铺匀。撒上适量黑胡椒粉。

5 盖上另一片吐司，金黄面朝外。用保鲜膜把三明治整个包起来。

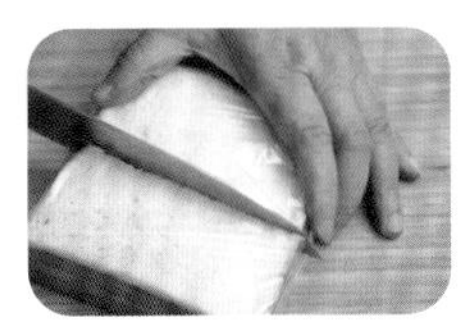
6 用锋利的刀将三明治拦腰切断。吃的时候再去掉保鲜膜，以免三明治散开。

配餐

甜麦圈和干果混合在一起，浇上酸奶，吃的时候拌匀即可。

很受欢迎

可颂香肠卷＋胡萝卜牛奶

烹饪时间：30 分钟
烹饪难度：中等

主料

热狗肠 2 根｜手抓饼 1 张
胡萝卜 1/2 根｜牛奶 200 毫升

辅料

蛋液适量｜绵白糖 2 茶匙

烹饪秘籍

烘烤的时候温度一定要够高，温度太低手抓饼不会上色，一直都是白白的。如果想淀粉类多一点，缠手抓饼的时候重叠部分多一点，让香肠卷更粗壮些。

做法

1 手抓饼撕掉外面的塑料纸，再把饼放回塑料纸上，防止完全化冻后撕不下来。

2 手抓饼化冻到略有些发软后用快刀划成约 2 厘米宽的条，太宽或太窄都不好操作。

3 拿一根热狗肠，取一条手抓饼，从热狗肠的一端开始裹，把热狗肠缠起来，每一圈之间叠起来一部分。

4 缠完一根接着缠另一根，直到把热狗肠整个缠满，放在烤盘上。另一根也用同样的方式缠好。

5 烤箱预热至 180℃。在香肠卷上刷上蛋液。

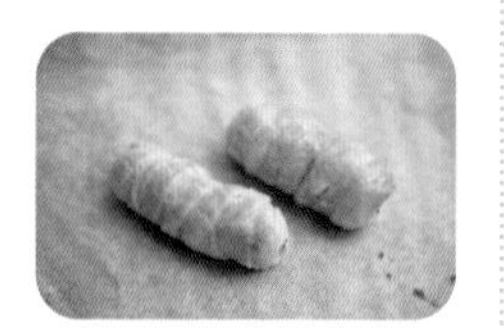

6 烤箱预热完成后将烤盘放入，烘烤 15 分钟。烤到手抓饼表面金黄即可。

配餐

1 胡萝卜洗净，去皮、切块，放入搅拌机。

2 加入牛奶和绵白糖，高速搅打成汁即可。

细滑温润，营养尽享

南瓜羹

烹饪时间：30 分钟
烹饪难度：简单

主料

黄南瓜 250 克 | 胡萝卜 50 克

做法

1 将南瓜表面刷洗干净，去掉表面硬皮，胡萝卜洗净、去皮。

2 南瓜和胡萝卜切成大小均匀的小块。

3 在汤锅内加入南瓜块、胡萝卜块、250 毫升清水。

4 大火烧开，盖盖，转小火煮 15 分钟，至南瓜变得软糯。

5 用手持料理棒在锅中将南瓜打成细腻的糊即可。

烹饪秘籍

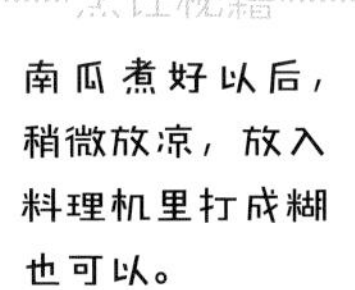

南瓜煮好以后，稍微放凉，放入料理机里打成糊也可以。

灿灿金黄点点红

胡萝卜花卷

烹饪时间：80 分钟　烹饪难度：简单

主料

胡萝卜 80 克 | 红豆 20 克 | 面粉 300 克

辅料

酵母 3 克 | 绵白糖 1 汤匙

做法

1　将胡萝卜洗净，切滚刀块后放入榨汁机，加入 100 毫升纯净水，榨汁备用。

2　将红豆洗净，放入冷水中，浸泡备用。

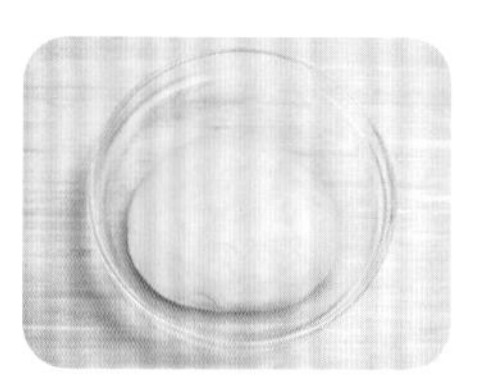

3　将榨好的胡萝卜汁、面粉、绵白糖和酵母放入面盆中，以温水搅拌后，揉成光滑面团。

4　用保鲜膜包裹面团发酵，约 30 分钟后，擀成厚度均匀的面片。

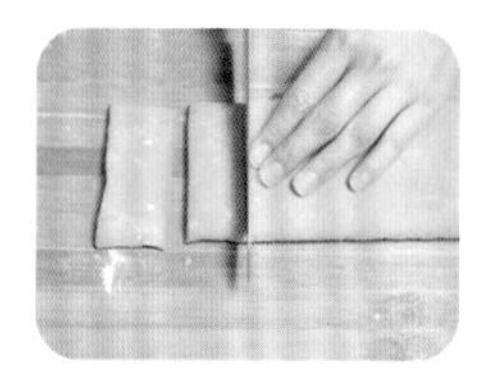

5　将面片三折成一条长卷，用刀切成大小适中的方块剂子。

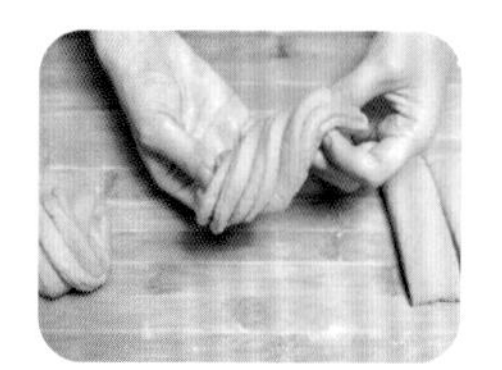

6　用筷子从剂子的中间按压，捏住两端拉伸后绕大拇指一圈，然后从底部捏紧即可。

7　将浸泡好的红豆点缀在做好的花卷褶皱之间。

8　取蒸锅，放入冷水，将制作好的花卷放入蒸屉上，醒发 20 分钟。

9　开大火蒸，上汽后转中火，20 分钟后关火，闷 5 分钟即可出锅。

烹饪秘籍

最好用保鲜膜包裹住面团发酵，这样既可以节省面团的发酵时间，还可以保持面团湿润，防止表面水分流失而干裂。

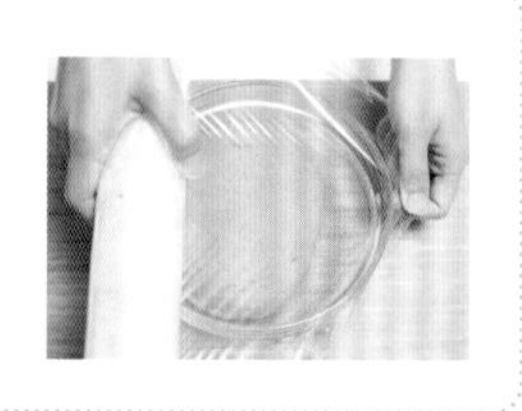

咸鲜肉嫩，美味无敌

酱油鸡

烹饪时间：45 分钟
烹饪难度：简单

主料

鸡半只（约 300 克）

辅料

花生油 1 汤匙 | 酱油 3 汤匙
料酒 2 汤匙 | 生姜片 5 克 | 蒜蓉 5 克

做法

1 半只鸡去头、去屁股，洗净，表面轻轻划几刀，再用酱油抹匀，剩下的酱油倒入高压锅。

2 高压锅中倒入花生油、料酒，放入生姜片、鸡肉，撒上蒜蓉，倒入 80 毫升清水。

3 大火烧至高压锅阀门处冒汽时，转小火煮 8 分钟，关火。

4 开盖后，如果汤汁太多，可大火收汁，但不要收太干，留一些汤备用。

5 取出鸡肉，放至合适温度，斩成适当大小，装盘，将汤汁浇在鸡肉上即可。

烹饪秘籍

高压锅烧出来的鸡肉，比用普通锅具烧出来的更加滑嫩，而且耗时更短。

碧绿清爽解油腻

菠菜肉丸汤

烹饪时间：30 分钟
烹饪难度：简单

主料

菠菜 300 克 | 牛肉 150 克
鸡蛋 1 个（约 40 克）

辅料

葱 5 克 | 姜 2 片 | 生抽 1 茶匙
盐 1/2 茶匙 | 料酒 1 汤匙
十三香 1/2 茶匙 | 淀粉 10 克

做法

1　将菠菜择好后洗净，切长段；葱、姜切碎末备用。

2　将牛肉剁成肉泥，加鸡蛋清、葱、姜、生抽、料酒、十三香、盐和淀粉，充分搅匀。

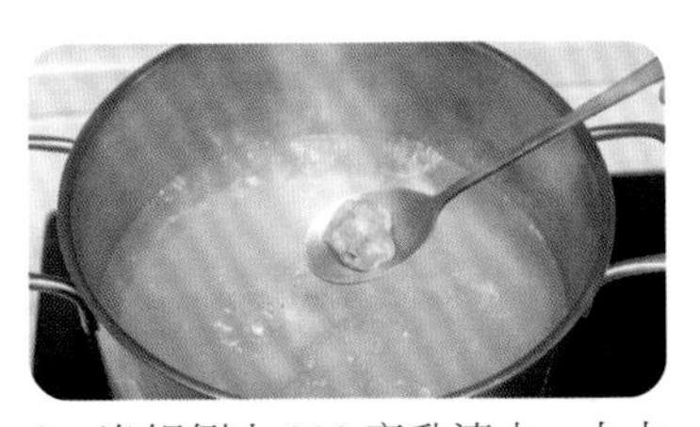

3　净锅倒入 800 毫升清水，大火煮到水微沸后，将肉馅攒成一个个肉丸下锅，适当搅拌。

4　煮开后转中火，倒入切好的菠菜段，再次煮开后加盐调味，即可关火出锅。

烹饪秘籍

在牛肉馅中磕入鸡蛋清，可以更好地保证其嫩滑的口感，加点淀粉则可以增加肉馅的黏性，让其更容易成团。

来一碗清火润燥的汤

虾仁冬瓜汤

烹饪时间：25 分钟
烹饪难度：简单

主料

冬瓜 300 克 | 鲜虾 10 只

辅料

橄榄油 1 汤匙 | 盐 3 克
姜丝 4 克 | 葱花少许

做法

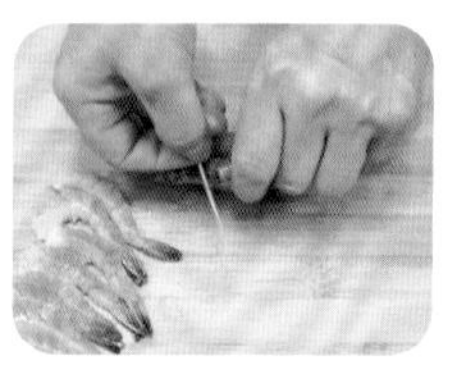

1 虾洗净，去头、壳，用牙签挑去虾线，清水冲洗干净备用。

2 冬瓜去皮、瓤，切成 2 厘米见方的块状。

3 锅里放橄榄油烧热，爆香姜丝，放入冬瓜大火翻炒 3 分钟，倒入 300 毫升的开水。

4 加入虾仁、盐，搅拌均匀，盖上锅盖，大火煮 10 分钟。

5 起锅后撒上葱花，即可食用。

烹饪秘籍

也可以用果蔬模型将冬瓜挖出不同的可爱形状，吸引宝宝的注意。

当猪肝遇上青椒

青椒爆猪肝

烹饪时间：25 分钟
烹饪难度：简单

主料

猪肝 200 克 | 青椒 100 克

辅料

橄榄油 1 汤匙 | 盐 3 克 | 生姜 4 克
蒜蓉 4 克 | 料酒 1 汤匙 | 淀粉 5 克

做法

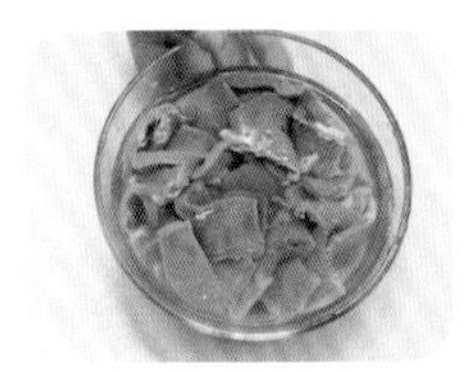

1 猪肝洗净，切成薄片，浸泡在清水里，换 3~5 次清水，去净血水。

2 猪肝沥水，加入料酒、淀粉，腌制 15 分钟。

3 青椒洗净，对半切开，去子，切成滚刀块；生姜洗净，切片备用。

4 锅里放橄榄油烧热，爆香姜片和蒜蓉，下入猪肝，大火爆炒至变色，随后加入青椒炒 1 分钟。

5 继续大火快炒，加入盐，炒 2 分钟至青椒熟即可关火。

烹饪秘籍

猪肝是解毒器官，会残留一些毒素。买回来不要着急烹饪，放在流动的水下洗净，切好后在清水中浸泡至少 30 分钟以上，中间换几次水。

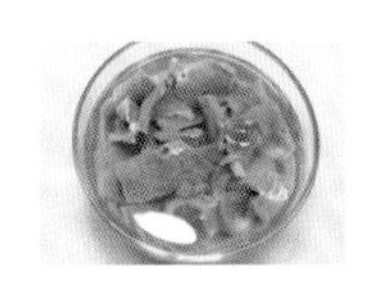

季节水果泥

蓝莓桑葚泥

烹饪时间：15 分钟
烹饪难度：简单

主料

蓝莓 30 克 | 桑葚 20 克
婴儿米粉 5 克

做法

1 蓝莓、桑葚择洗干净。

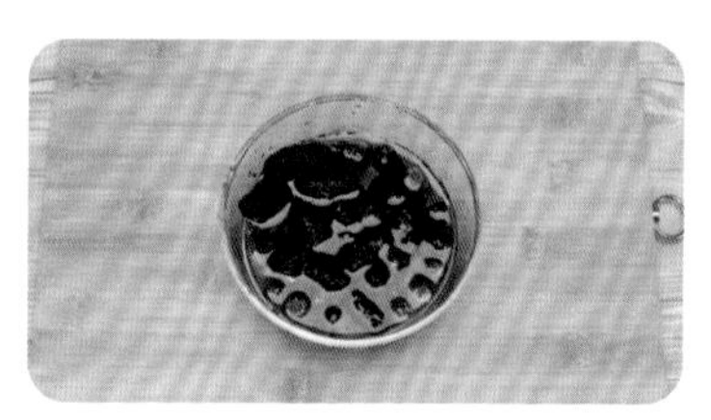

2 将蓝莓、桑葚放入清水中浸泡 20 分钟。

3 捞出蓝莓、桑葚，彻底擦干水分。

4 将蓝莓、桑葚、婴儿米粉放入料理机，搅打成细腻的果泥即可，可用薄荷叶点缀。

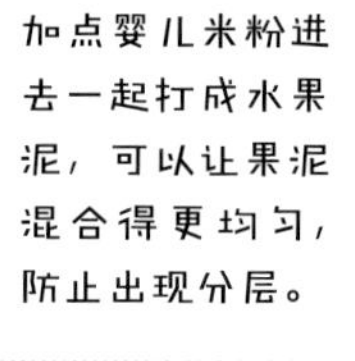

烹饪秘籍

加点婴儿米粉进去一起打成水果泥，可以让果泥混合得更均匀，防止出现分层。

芋头的别样吃法

五彩烧芋头

烹饪时间：45 分钟
烹饪难度：简单

主料

芋头 3 个（约 100 克）
干香菇 10 克 | 胡萝卜 15 克
莴笋 15 克 | 玉米粒 15 克

辅料

油 2 茶匙 | 淀粉适量 | 盐 1 克
鸡精 1 克 | 葱花少许

做法

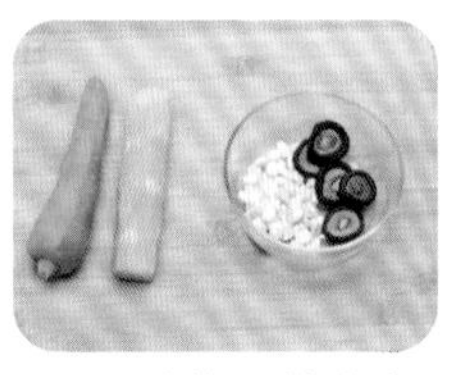

1　干香菇提前泡发，洗净、去根；胡萝卜、莴笋洗净，去皮；玉米粒洗净，沥干水分待用。

2　芋头洗净，放入蒸锅蒸 25 分钟至熟。

3　泡发香菇、胡萝卜、莴笋切成小丁；芋头冷却至不烫手后剥去外皮，切成小块。

4　炒锅加入油，烧至七成热，倒入胡萝卜、香菇丁炒香，再放入莴笋和玉米粒，翻炒均匀后放入芋头块。

5　淀粉加入少许水调成水淀粉，倒入锅内，调至小火翻炒均匀，加入盐和鸡精，撒葱花即可。

烹饪秘籍

芋头的黏液对皮肤有刺激作用，会引起皮肤瘙痒，如果需要生剥芋头皮，最好戴上手套。

快手明目饮

蓝莓酸奶

烹饪时间：25 分钟
烹饪难度：简单

主料

蓝莓 15 克

辅料

酸奶 150 毫升

做法

1　蓝莓洗净，沥干水分。

2　将蓝莓和酸奶倒入搅拌机，以点动模式将两者搅拌在一起。

3　将搅拌好的蓝莓酸奶倒入杯中即可。

烹饪秘籍

采用点动模式，可以随时观察蓝莓被搅打的程度，如果孩子喜欢颗粒大一点的口感，就减少搅打时间。

健脾养胃食谱：

吸收好才身体棒

肠道清道夫

木耳炒肉丝

烹饪时间：25 分钟
烹饪难度：简单

主料

猪里脊肉 150 克 | 干木耳 10 克
芹菜 80 克

辅料

花生油 1 汤匙 | 盐 3 克 | 料酒 1 汤匙
酱油 1 汤匙 | 淀粉 4 克

做法

1 猪肉洗净，切成丝，用料酒、酱油、淀粉抓匀，腌制 10 分钟。

2 木耳用清水泡发，去蒂，手撕成小片备用。

3 芹菜洗净，择去筋、叶子，斜切成段。

4 锅里放花生油，烧至七成热，倒入肉丝炒至变色，盛出备用。

5 继续倒入少许油，倒入木耳、芹菜，大火翻炒 2 分钟，再倒入肉丝。

6 大火继续翻炒，加盐，炒匀关火，盛出即可。

烹饪秘籍

这个菜要大火快炒，第一次炒肉丝时不要炒得太熟，八成熟左右就盛起来，等再炒时就不容易变老了。

冰雪聪明
银耳糖水

烹饪时间：50分钟
烹饪难度：简单

主料

干银耳20克 | 红枣20克
枸杞子3克

辅料

冰糖20克

做法

1　干银耳放入清水里，充分泡发，去掉黄色的根部，撕成小朵备用。

2　红枣和枸杞子用清水洗净备用。

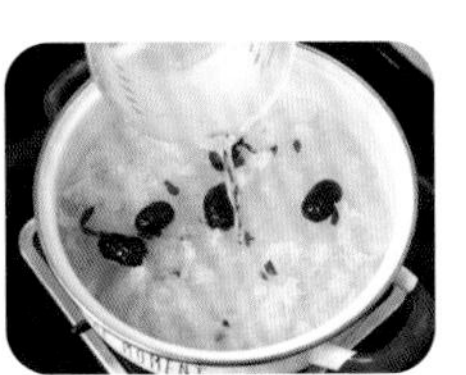

3　将银耳放入汤锅中，加入红枣、枸杞子，倒入1200毫升清水，盖上锅盖，大火煮开，转小火煮30分钟。

4　开盖搅拌，加入冰糖，转大火煮10分钟，中间不停搅拌以免焦底。

5　待冰糖化开、汤变得浓稠、银耳软糯，就可以关火了。

烹饪秘籍

水一开始就要加够，以免中途加水影响汤的风味。最后用大火收一下汁，使银耳汤变得更加浓稠。

童年趣事

自制冰糖葫芦

烹饪时间：35 分钟
烹饪难度：中等

主料

山楂 250 克

辅料

冰糖 500 克 | 植物油适量

烹饪秘籍

盘子一定要刷油，裹好糖浆的糖葫芦要放在温度较低的地方，最好是冬天制作，以利于糖浆凝固。

做法

1 山楂去梗、蒂、核，洗净晾干；5 个山楂为一组，用竹扦穿起来。

2 准备一个平碟子，刷一层植物油。

3 锅里加 300 毫升清水，倒入冰糖，开中火煮，不时地搅拌一下以免煳锅。

4 熬至糖液呈琥珀色，状态浓稠，出现密密麻麻的泡泡时，转小火。

5 将山楂串放进糖浆里，均匀裹上糖浆，拿出来放在刷了油的碟子上。

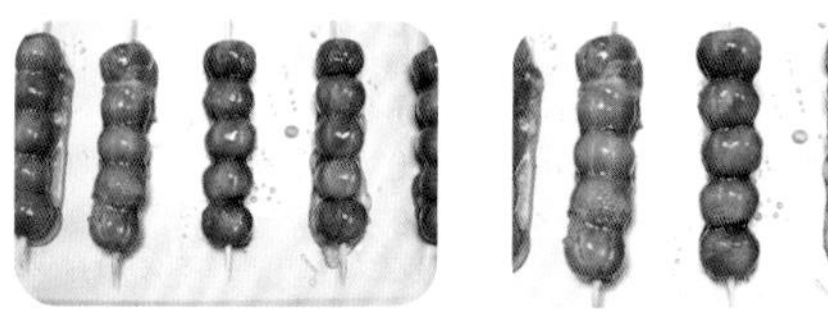

6 用相同的方法将其他山楂串蘸满糖浆，动作稍快些，糖葫芦要分开一点摆放，以免粘在一起。

7 等糖浆凝固，即可享用。

清清白白的汤

白芸豆清汤

烹饪时间：140 分钟
烹饪难度：简单

主料

白芸豆 300 克

辅料

盐 1 克

做法

1 白芸豆洗干净，浸泡一夜。

2 放入炖锅，加入 500 毫升清水，小火炖 2 小时，关火后放盐，闷 20 分钟。

3 取一个干净的碗，将白芸豆连汤盛入碗中，清爽可口的美味就做好了。

烹饪秘籍

用这样的方法做好的白芸豆味道非常清新，盐不要加太多，喝着清汤，吃着软绵的白芸豆，味道非常好。

简单的快手菜

韭黄炒鸡蛋

烹饪时间：15 分钟
烹饪难度：简单

主料

韭黄 400 克 | 鸡蛋 2 个

辅料

橄榄油 2 汤匙 | 盐 3 克

做法

1　韭黄择洗干净，切段。

2　鸡蛋打散，锅里放 1 汤匙橄榄油，烧至六成热，倒入蛋液，用筷子搅散，炒至凝固，盛出备用。

3　锅里加剩余的油烧热，倒入韭黄，大火翻炒至软，加入炒好的鸡蛋。

4　加盐，继续翻炒均匀，即可关火盛出。

烹饪秘籍

韭黄不能炒太久，刚断生就可以，太熟会难嚼，容易塞牙缝。

深得孩子喜爱的菜

青瓜玉米火腿粒

烹饪时间：15 分钟
烹饪难度：简单

主料

黄瓜 200 克 | 玉米 100 克
火腿 80 克

辅料

橄榄油 1 汤匙 | 盐 3 克

做法

1 黄瓜洗净，同火腿肠切成 1 厘米见方的块；将玉米粒剥下来，洗净。

2 锅里放油烧热，倒入黄瓜粒、玉米粒、火腿肠粒，大火翻炒。

3 炒两三分钟，加盐调味，继续翻炒均匀即可起锅。

烹饪秘籍

黄瓜和火腿肠不要切得过大，不然和玉米粒放在一起不好看。另外不要放太多盐，以免掩盖掉食物原有的香甜。

浓浓芝麻香
麻酱豇豆丁

烹饪时间：20 分钟
烹饪难度：简单

主料
豇豆 150 克

辅料
芝麻酱 30 克 | 香油 1 茶匙
白芝麻少许

做法

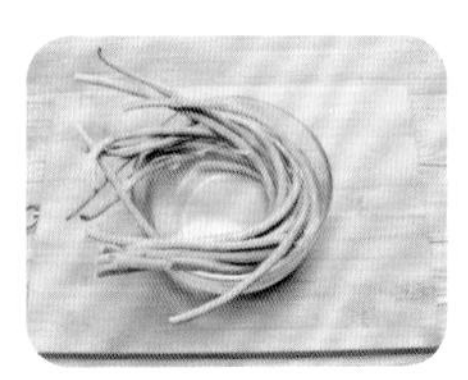

1 豇豆掐头去尾，择去豆筋，洗净并沥干水分。

2 锅内加入足量的水，烧开后放入豇豆，煮 5 分钟后捞出，浸泡在凉水中。

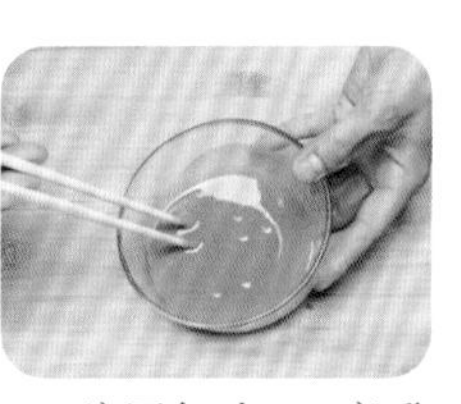

3 碗里加入 20 毫升凉开水，加入芝麻酱、香油，用筷子顺着一个方向慢慢搅拌至芝麻酱和水混合均匀。

4 将冷却好的豇豆捞出，沥干水分，切成 1.5 厘米长的小段。

5 倒入调好的芝麻酱汁，撒上白芝麻点缀即可。

烹饪秘籍

在挑选豇豆时要尽量选择颜色鲜绿，末端新鲜无枯萎的，这样的豇豆比较新鲜、口感较嫩，如果颜色已经发白，且豆子突出，说明不新鲜了。

江浙家常菜

板栗烧芋头

烹饪时间：50 分钟
烹饪难度：简单

主料

小芋头 5 个 | 板栗 120 克

辅料

植物油 3 汤匙 | 胡椒粉 1 克
蚝油 2 汤匙 | 淀粉 1 茶匙
香葱（切碎）1 根 | 枸杞子 15 粒
盐适量

做法

1 芋头洗净、去皮，切成板栗大小的块。

2 板栗放入开水中煮 5 分钟，趁热剥去壳。

3 枸杞子洗净备用；淀粉加少许清水调成水淀粉。

4 炒锅中倒入植物油，烧至六成热时下入芋头块炒至微黄，再放入板栗炒出香气。

5 向锅中加入没过食材的清水，大火煮开后转小火焖煮 20 分钟，加入胡椒粉、蚝油、适量盐调味。

6 水淀粉倒入锅中，大火收汁，待汤汁浓稠时撒入香葱碎、枸杞子点缀即可。

烹饪秘籍

1 大火收汁时，要不停翻拌避免煳锅。
2 芋头和板栗要炖得软糯才好吃。

瘦身佳肴

菠菜炒鸡蛋

烹饪时间：10 分钟
烹饪难度：简单

主料

鸡蛋 3 个 | 菠菜 250 克

辅料

姜末 5 克 | 蒜末 2 瓣 | 葱花 5 克
鸡精 1/3 茶匙 | 盐适量 | 油适量

烹饪秘籍

氽烫菠菜时，菠菜一入开水中便要立刻捞出，不然菠菜中的营养成分就会流失；打鸡蛋时加少许清水，可以使炒出来的鸡蛋更加蓬松。

做法

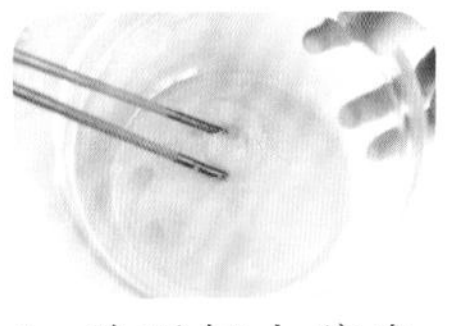

1 鸡蛋打入碗中，加适量盐、少许清水，用筷子搅拌均匀。

2 菠菜去根部，清洗干净，切成四五厘米的长段。

3 锅中入适量水烧开，下切好的菠菜入锅中，氽烫一下，马上捞出。

4 捞出的菠菜放凉，挤去多余水分备用。

5 炒锅入油，烧至六成热，倒入打散的蛋液。

6 待蛋液呈半凝固状时，用锅铲以打大圈的方式将鸡蛋炒散开来，然后盛出待用。

7 锅中再入少许油，下姜末、蒜末爆香。

8 下菠菜翻炒至断生，加盐、鸡精调味；再倒入炒好的鸡蛋翻炒均匀，撒上葱花即可出锅。

冬日暖身汤

银丝鲈鱼汤

烹饪时间：70 分钟
烹饪难度：简单

主料

鲈鱼 500 克 | 白萝卜 150 克

辅料

姜丝 5 克 | 葱段 5 克 | 料酒 1 汤匙
白胡椒粉 2 克 | 香菜 2 克 | 盐 2 克

烹饪秘籍

白萝卜比较耐储存，但如果保存不当，仍会出现脱水变糠的状态。将买回来的白萝卜放在通风处晾上一晚，待表皮略微起皱后再将其装入密封袋保存，就可以有效防止白萝卜脱水了。

做法

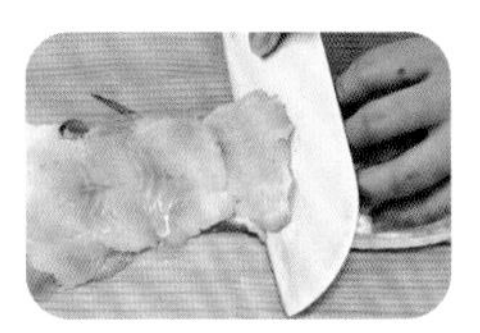

1　鲈鱼洗净后控干水分，用锋利的刀将鱼肉片下来。

2　将鱼肉片放入大碗内，加入料酒、白胡椒粉，用手抓匀后腌制 15 分钟。

3　白萝卜洗净、去皮，切成细丝；香菜洗净，去根后切碎待用。

4　锅内加入 1 升清水，放入姜丝、葱段，大火煮开。

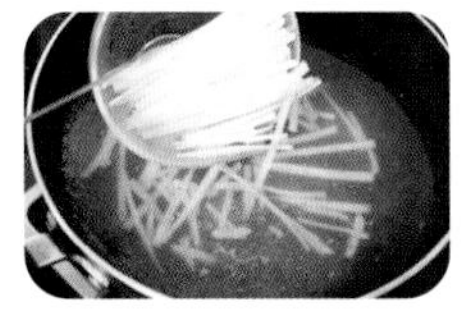

5　调成小火，下入白萝卜丝，再次煮开后继续煮 5 分钟。

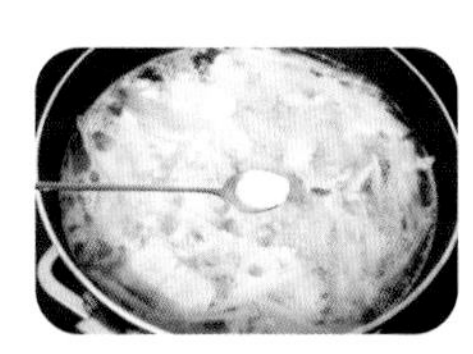

6　慢慢下入腌好的鲈鱼片，待鱼肉变色后再轻轻搅拌，煮 10 分钟后加入盐并拌匀。

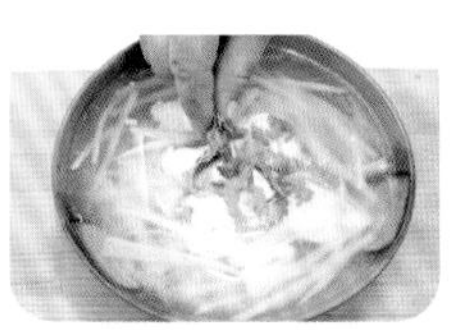

7　盛出后撒上香菜碎点缀即可。

好看到不舍下嘴

火龙果香蕉奶昔

烹饪时间：5分钟
烹饪难度：简单

主料

红心火龙果1/2个（约100克）
香蕉1根（约80克）
纯牛奶1/2盒（约150毫升）

辅料

酸奶1杯（100毫升）| 冰块适量

做法

1 红心火龙果横着对半切开，取一半用勺子挖出果肉，切丁，放入碗中备用。

2 香蕉剥皮，掰成小段。

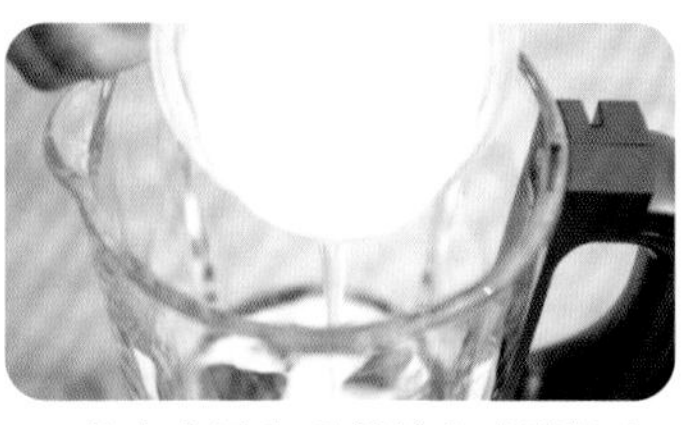

3 将火龙果和香蕉放入破壁机中，倒入酸奶、纯牛奶和冰块。

4 搅拌30秒，装杯即可。

烹饪秘籍

红心火龙果打出来的奶昔，颜色艳丽好看，滋味也更甘甜，其实用白心火龙果也可以，如果觉得不够甜，放点蜂蜜或者糖调和一下即可。

五谷丰登聚宝盆

南瓜八宝饭

烹饪时间：1小时20分钟
烹饪难度：中等

主料

南瓜1个 | 混合八宝米150克

辅料

葡萄干10克 | 蜜枣30克 | 蜂蜜适量

做法

1 八宝米洗净，提前隔夜浸泡在清水中。

2 南瓜洗净，在顶部1/4处切下做盖，剩余3/4挖空瓜瓤和子做盅。

3 葡萄干洗净，泡在清水中。

4 将八宝米放在蒸锅里大火蒸30分钟，至各种豆子熟透。

5 蒸好的八宝米装在南瓜盅里，按紧压实，最上面摆好葡萄干和蜜枣。

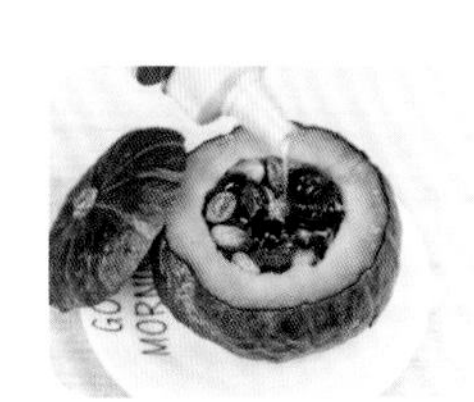

6 南瓜盖盖回南瓜盅固定，放入蒸锅中，大火蒸30分钟，蒸好后掀开南瓜盖，淋入蜂蜜即可。

烹饪秘籍

1 八宝米选五谷杂粮混合的，使用起来方便又节省时间。

2 蒸八宝米和南瓜一定要大火，时间充裕，保证食材能够完全熟透。挖下来多余的南瓜可以切碎和八宝米混合一起蒸熟。

3 这种做法是甜口的，喜欢咸口的可以加一些腊肠、培根、适量盐等。

软糯弹牙的中式点心

萝卜糕

烹饪时间：1 小时 40 分钟
烹饪难度：简单

主料

白萝卜半个

辅料

黏米粉 100 克 | 植物油 2 汤匙
广味香肠 1 根 | 鲜香菇 4 朵
绵白糖 1 茶匙 | 胡椒粉 2 克
盐适量

做法

1　白萝卜去皮，洗净，擦成细丝，放入少量盐腌 30 分钟，去除白萝卜的水分。

2　鲜香菇洗净，去蒂，切碎；广味香肠切碎。

3　黏米粉加入 220 毫升温水，调成粉浆。

4　炒锅中倒入植物油，烧至六成热时加入香肠碎炒香，再放入香菇碎炒软，加绵白糖、胡椒粉、适量盐调味炒匀。

5　腌好的萝卜丝倒出多余的水后沥干，同炒过的香肠碎、香菇碎一同放入粉浆中搅拌均匀。

6　把萝卜丝粉浆倒入容器中，将表层铺平，放入蒸锅中蒸 40 分钟即可。

烹饪秘籍

1　尽量多析出一些白萝卜的水分，这样蒸出的萝卜糕软硬度适中。
2　喜欢焦脆口感的可以把蒸好的萝卜糕切成小块，放入锅中煎至金黄即可。

烹饪时间：30 分钟
烹饪难度：简单

最好的慰藉 干锅腊肉菜花

主料

有机菜花 400 克 | 腊肉 100 克
青蒜 50 克 | 青尖椒 2 根

辅料

葱 10 克 | 姜 10 克 | 蒜瓣 4 瓣
干红辣椒 5 根 | 花椒粒 5 粒
盐 1/2 茶匙 | 鸡精 1/2 茶匙
酱油 2 茶匙 | 料酒 2 茶匙
绵白糖 1 茶匙 | 油 30 毫升

烹饪秘籍

有机菜花比起一般的菜花，花茎要细一些，更容易熟。如果要是用普通菜花，可以事先用热水焯一下，就比较容易烹饪了。

做法

1　腊肉用温水洗净后切成 3 毫米左右厚的片。

2　菜花洗净后，撕成小朵，再用淡盐水浸泡 10 分钟后，控水。

3　青蒜、青尖椒洗净后切成 3 厘米左右的段，备用。

4　葱、姜、蒜洗净后，葱切末，姜、蒜切片，干红辣椒洗净切段。

5　锅中放油加热至五成热，下花椒粒、干红辣椒段爆香后，加入加工好的葱末、姜片、蒜片炒香。

6　将切好的腊肉倒入锅中，中小火煸炒出油，即腊肠中间的肥肉部分变透明。

7　将控过水的有机菜花倒入锅中，大火翻炒 5 分钟，再将青蒜和青辣椒倒入锅中炒 3~5 分钟。

8　在锅中加入酱油、料酒、绵白糖、鸡精、盐，炒匀后即可盛出。

声悦耳，身优雅

锅巴肉片

烹饪时间：30 分钟　烹饪难度：简单

主料

猪里脊肉 100 克 | 大米锅巴 250 克

辅料

葱白段 10 克 | 姜片 5 克 | 蒜片 3 瓣 | 泡红辣椒 3 根
青、红辣椒各 1 个 | 干木耳 6 朵 | 冬笋 60 克
干香菇 4 个 | 淀粉 3 茶匙 | 盐、鸡精各 1/2 茶匙
酱油、料酒各 2 茶匙 | 绵白糖 1 茶匙
油 500 毫升（实耗约 60 毫升）| 水淀粉少许

做法

1 猪里脊肉洗净，切成 3 毫米厚的片，加入淀粉、盐、料酒抓匀，腌 20 分钟，泡红辣椒洗净切段。

2 青辣椒、红辣椒洗净切块，冬笋剥皮、洗净切片。干香菇、干木耳温水泡发，洗净后将香菇切片、木耳撕成小朵，备用。

3 取一小碗，加入料酒、绵白糖、酱油、盐、鸡精调成调味汁备用。

4 锅内下较多的油，烧到五成热后，倒入肉片滑散，炒至发白后盛出备用。

5 锅内留底油，下葱、姜、蒜爆香，加入泡红椒继续炒出香味后，将木耳、香菇片、冬笋片、青红辣椒倒入，大火翻炒均匀。

6 倒入调好的调味汁炒匀，加一大碗清水烧开，加入炒好的肉片，用水淀粉勾薄芡，小火保持温度，注意不要粘锅。

7 另取一口锅放较多的油，加热至六成热时，下锅巴炸至表面金黄，捞出沥油后，装盘。

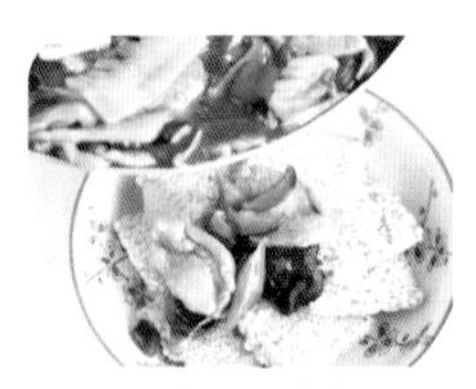

8 此时，迅速将另一锅内的肉片及其芡汁浇在锅巴上，发出嗞啦的一声响，即成。

烹饪秘籍

一般大米锅巴均有市售，也可以自己在家用烤箱制作，方法是将煮熟的大米饭平铺在烤盘上，厚薄要适度，180℃烤 20 分钟左右，注意随时观察，取后放凉，就是自制锅巴。此外，炸锅巴时，想令锅巴更加松脆，还可以复炸一次。

一瞬间绽放
野山椒炒腰花

烹饪时间：30 分钟
烹饪难度：简单

主料

猪腰 1 对 | 青尖椒 1 个 | 红尖椒 1 个
野山椒 50 克

辅料

大葱 15 克 | 姜 5 克 | 蒜 2 瓣
绵白糖 1 茶匙 | 水淀粉 1/2 茶匙
胡椒粉 1/2 茶匙 | 花椒粒 4 粒
白醋 1/2 茶匙 | 料酒、生抽各 1 茶匙
盐 1/2 茶匙 | 鸡精 1/2 茶匙
油 2 汤匙

烹饪秘籍

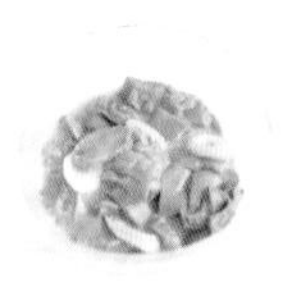

猪腰切开后，里面白白的筋膜是臊腺，必须清洗干净，否则会留下骚臭味。建议买的时候，请菜场老板代处理，回家只需要再用花椒水泡泡就可以了。

做法

1　将猪腰对剖成两半，剔去臊腺，用少量盐、白醋反复揉洗后冲洗干净。

2　野山椒切碎，姜、蒜洗净切片，大葱切段，青尖椒、红尖椒洗净切段，备用。

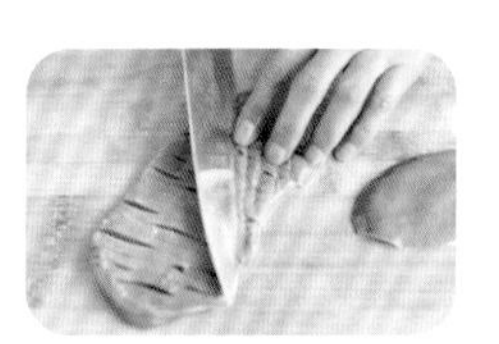

3　猪腰在加了花椒粒和姜片的清水中浸泡出血水后，捞出沥干，剞“十”字花刀，切成腰花。

4　将切好的腰花用少许姜片、料酒、盐、水淀粉腌制 10 分钟。

5　锅中放油加热至七成热时，下入腰花过油，待变色并微微卷曲后，可盛出沥油待用。

6　锅内留底油，下葱段、姜片、蒜片爆香后，加入野山椒碎粒。

7　将青尖椒、红尖椒和过油的腰花倒入锅中，大火翻炒 3 分钟。

8　向锅中调入盐、绵白糖、生抽、料酒、胡椒粉、鸡精，炒匀后关火即成。

烹饪时间：40 分钟
烹饪难度：中等

没有什么秘密

青椒肚丝

主料

猪肚 1 件 | 青辣椒 150 克

辅料

葱 5 克 | 姜 5 克 | 蒜 5 克
面粉 3 茶匙 | 绵白糖 1/2 茶匙
胡椒粉 1/2 茶匙 | 盐 1/2 茶匙
鸡精 1/2 茶匙 | 料酒 1 茶匙
生抽 1 茶匙 | 油 20 毫升

烹饪秘籍

在家中清洗猪肚是一件非常麻烦的事情，让这道菜的制作过程变得不轻松。不如直接在熟食店购买已经制作好的猪肚或牛肚，这样会省下很多准备的时间。

做法

1 买回家的猪肚用刀划一个小口，把里面翻出来，用面粉反复揉搓 5 分钟。

2 将面粉用清水冲净后，用手或刀除掉表面的筋膜，清洗干净。

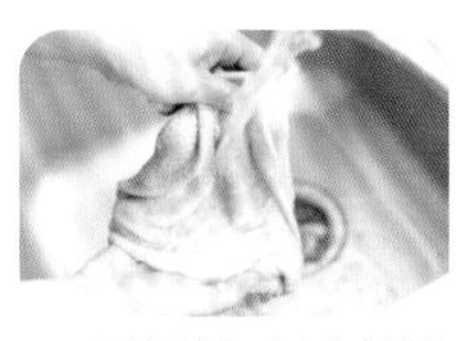

3 再用清水反复冲洗，直到完全洗净。

4 准备一锅清水，下猪肚煮熟后捞出放凉、切丝。

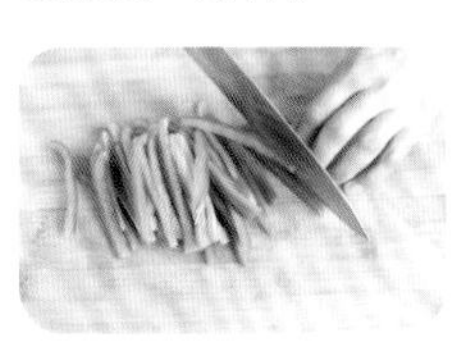

5 青辣椒洗净切丝，葱、姜、蒜洗净切末。

6 锅中放油烧至五成热，下葱末、姜末、蒜末爆香。

7 将煮熟的肚丝倒入锅中，大火炒 3 分钟后，倒入切好的青辣椒丝，大火翻炒 2 分钟。

8 最后加入盐、绵白糖、料酒、生抽、胡椒粉、鸡精翻炒均匀，关火盛出即可。

将美味进行到底
蒜粒烧牛蛙

烹饪时间：15 分钟
烹饪难度：中等

主料

牛蛙 5 只

辅料

大蒜 2 头 | 生姜 10 克
花椒粒 1 小把 | 八角 4 颗
干红椒 5 个 | 料酒 1 汤匙
生抽 2 茶匙 | 五香粉 1 茶匙
白胡椒粉 1/2 茶匙 | 盐 1 茶匙
油适量

烹饪秘籍

最好买宰杀好并扒去皮的牛蛙，这样制作过程就可以省时又省力；牛蛙肉质很嫩，所以烹制时间不宜太长，但务必烹制熟透。

做法

1 牛蛙仔细清洗干净，切成大小适中的块。

2 切好的牛蛙加料酒、生抽、少许盐拌匀，腌制待用。

3 大蒜剥皮后洗净沥干水分；生姜洗净去皮切细丝。

4 干红椒去蒂后洗净，切 1 厘米长的段；花椒粒、八角洗净待用。

5 炒锅入适量油烧至六成热，放入姜丝、花椒粒、八角、干红椒段爆出香味。

6 放入蒜瓣煸炒至表面金黄，再放入腌制后的牛蛙块，翻炒均匀。

7 倒入适量水焖煮 10 分钟左右，大火收干汤汁。

8 最后加五香粉、白胡椒粉、盐调味即可。

这一盘不可小觑

葱油鸡

烹饪时间：1 小时
烹饪难度：中等

主料

鸡半只

辅料

姜 5 克 | 香葱 50 克 | 八角 2 颗
花椒粒 1 小把 | 料酒 1/2 汤匙
酱油 2 茶匙 | 绵白糖 1 茶匙
盐 1/2 茶匙 | 油适量

烹饪秘籍

煮鸡肉的时候，开锅后要将锅内的浮沫撇出，其间给鸡翻个面，以保证均匀熟透。

做法

1 将鸡里外仔细清洗干净；八角、花椒粒洗净待用。

2 姜洗净切成片；香葱洗净，取 3 根打葱结，1 根切葱粒，剩下的切成 5 厘米左右的段。

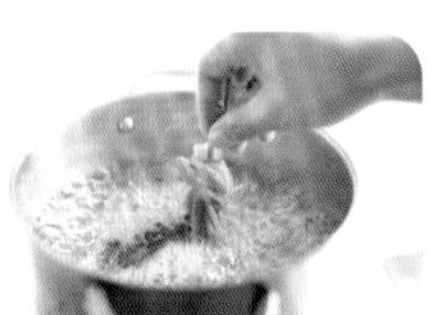

3 锅内加入适量水，放入姜片、葱结、花椒粒、八角烧开。

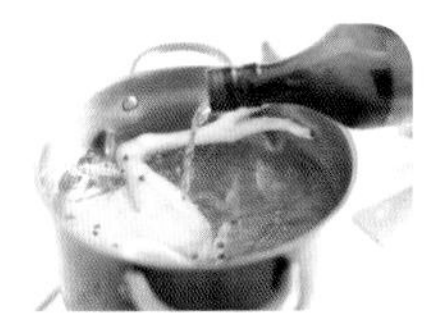

4 开锅后放入洗净的鸡，加入八角、料酒、盐，煮至再次开锅后，转中小火，煮至鸡肉熟透捞出。

5 将鸡肉斩成大小适中的块，整齐摆盘中待用。

6 炒锅内入油烧至五成热，下入切好的葱段，小火慢慢煸至葱段微焦出香味。

7 调入酱油、绵白糖熬约 1 分钟后关火，挑出葱段，留葱油。

8 再将熬好的葱油均匀淋在鸡肉上，撒上葱粒即可。

丝丝酸甜沁心脾

菠萝鸭

烹饪时间：10 分钟
烹饪难度：简单

主料

鸭胸肉 400 克 | 菠萝 1/4 个

辅料

洋葱半个 | 青椒 1 个 | 红椒 1 个
淀粉 2 茶匙 | 绵白糖 3 茶匙
白醋 2 茶匙 | 番茄酱 2 茶匙
料酒 1 汤匙 | 鸡精 1/2 茶匙
胡椒粉、香油各少许 | 盐 1 茶匙
油适量

烹饪秘籍

鸭肉的腥味比起鸡肉来更明显一些，所以一定要将血水泡出，并用料酒腌一下；菠萝切好后放入淡盐水中浸泡一段时间，能够去除菠萝的涩味。

做法

1 将鸭胸肉洗净，切成厚度为 4 毫米左右的片待用。

2 切好的鸭肉片加盐、料酒、淀粉和少量的油抓匀，腌制待用。

3 洋葱洗净切片；青椒、红椒洗净切片。

4 菠萝清理好，留菠萝肉，切小滚刀块待用。

5 锅中倒入适量油，烧至五成热，下入鸭肉片滑炒至变色后，捞出沥油。

6 锅内留底油，放番茄酱炒匀，加少许清水、绵白糖和白醋搅匀。

7 放入切好的菠萝块、洋葱、青椒片、红椒片大火翻炒。

8 将鸭肉倒入锅中，加盐、鸡精、胡椒粉大火炒匀，淋香油即可。

有内涵的吐司卷

肉松吐司海苔卷

烹饪时间：15 分钟
烹饪难度：简单

主料

吐司 2 片（约 100 克）
肉松 30 克 | 土豆 50 克 | 海苔片 1 片

辅料

沙拉酱 4 茶匙 | 盐 1/2 茶匙

做法

1 土豆洗净，去皮，切块，上锅蒸熟。

2 把蒸熟的土豆用勺子压成泥，加入盐，搅拌均匀。

3 吐司切掉吐司边，用擀面杖擀得薄一些。

4 吐司上铺上土豆泥，抹上 2 茶匙沙拉酱，再放上肉松。

5 从吐司的一端开始将吐司卷起来，将吐司卷的接口处向下，在吐司卷的最上层抹上剩余沙拉酱。

6 把海苔片剪成碎片，将海苔碎撒在吐司卷的上方即可。

烹饪秘籍

食材中的土豆也可以换成山药，加入自己喜欢的调料，调成咸口的味道。

升级版的美味

双色吐司版铜锣烧

烹饪时间：10 分钟
烹饪难度：简单

主料

吐司 4 片（约 200 克）
山药 100 克 | 红豆沙 50 克

辅料

绵白糖 10 克 | 牛奶 20 毫升

做法

1 把山药洗净、去皮，切成块，上锅蒸熟。

2 将蒸熟的山药压成泥，加入绵白糖和牛奶，搅拌均匀。

3 将吐司用模具压成圆形。

4 铺一片吐司在底层，放入山药泥，占满吐司的一半。

5 另一半吐司上放红豆沙。

6 将另一片吐司盖上即可，按照同样的方法做完全部吐司。

烹饪秘籍

山药削皮以后很容易氧化变黑，可以在冷水中加入盐，将山药泡在水中，能有效避免变黑。

吐司是个宝

六色蔬菜吐司比萨

烹饪时间：15 分钟
烹饪难度：中等

主料

吐司 2 片（约 100 克）
小番茄 40 克 | 胡萝卜 30 克
洋葱 30 克 | 冷冻玉米粒 30 克
青椒 30 克 | 口蘑 5 个

辅料

比萨酱 1 汤匙 | 马苏里拉奶酪 20 克

做法

1 冷冻玉米粒提前拿出解冻；其余蔬菜洗干净，切成小丁。

2 把所有蔬菜放在碗里，要将蔬菜分开摆放，入微波炉高火转 1 分钟，目的是脱干蔬菜的水分，烤出来的吐司才会脆。

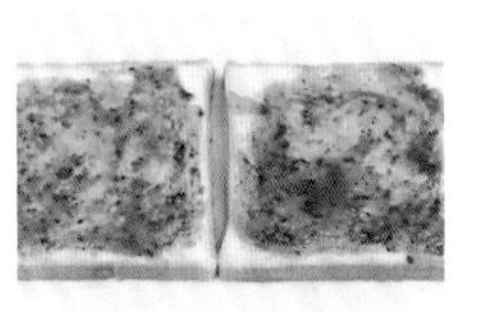

3 吐司放在烤盘里，均匀抹上一层比萨酱。

4 将马苏里拉奶酪全部撒在吐司上。

5 把六种蔬菜丁按照每种一排的顺序依次摆在吐司上，铺满整片吐司。

6 烤箱 200℃预热 5 分钟，烤盘放入烤箱中层，烤 10 分钟即可。

烹饪秘籍

可以选择自己喜欢的蔬菜，例如西蓝花、红甜椒等，要尽量选择不同颜色的蔬菜，成品才漂亮。

内涵丰富好选择

牛肉蔬菜粥

烹饪时间：140 分钟
烹饪难度：简单

主料

大米 100 克 | 牛肉 150 克
胡萝卜半根 | 绿叶蔬菜 50 克

辅料

清水 1000 毫升 | 香葱 2 根
盐少许 | 白胡椒粉少许 | 料酒少许
香油少许

烹饪秘籍

绿叶蔬菜可根据个人喜好进行选择，常见的如生菜、菠菜、四季青、菜心等都相当不错。

做法

1 大米洗干净，提前在清水中浸泡30分钟。

2 将牛肉洗净，在清水中浸泡 30 分钟，尽量去除血水。

3 洗净的牛肉切成 1 厘米见方的粒，放入碗中，加盐、料酒拌匀后腌制 10 分钟，放热锅中不加油，小火炒至变色，盛出备用。

4 绿叶蔬菜洗净，切或撕成小片；胡萝卜洗净切成丁，备用。

5 香葱洗净切成末，备用。

6 砂锅中放入清水，大火烧开后，将大米放入锅中，大火煮开后转小火熬煮40分钟，其间要用饭勺搅动锅内食材，防止煳锅。

7 将牛肉丁、胡萝卜丁放入锅中，继续煮 20 分钟。

8 将绿叶蔬菜倒入锅中搅匀，加入盐、白胡椒粉、香油、香葱末搅匀，煮 3 分钟后关火即可。

烹饪时间：20 分钟
烹饪难度：简单

清淡亦是美味

豆腐鱼

主料

鲫鱼 1 条 | 老豆腐 300 克

辅料

生姜 10 克 | 大蒜 4 瓣
香葱 5 根 | 淀粉 1/2 汤匙
盐 1 茶匙 | 白胡椒粉 1/2 茶匙
油适量

烹饪秘籍

鱼片下锅时，不要一下子全部倒进去，最好一片一片快速放入，保证鱼片受热均匀，口感一致。

做法

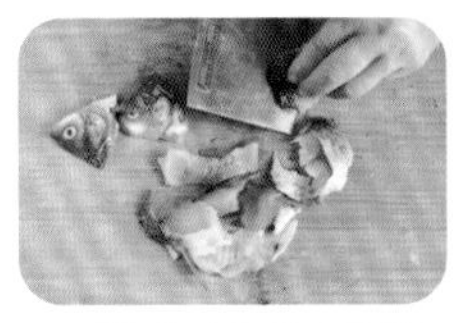

1 鲫鱼清洗干净，鱼头切两半，鱼身切薄片待用。

2 老豆腐洗净，切 2 厘米左右见方的小块待用。

3 生姜去皮洗净，切姜丝；大蒜去皮洗净，切蒜片；香葱洗净，切 3 厘米左右长的段。

4 将一半姜丝放入鱼片中，并放入淀粉，反复抓匀腌制。

5 炒锅内倒入适量油，放入蒜片和剩下的姜丝炒出香味。

6 接着放入鱼头，中小火慢慢煎 2 分钟，并倒入适量清水。

7 放入豆腐，大火煮至开锅后，放入鱼片，煮至鱼片变色。

8 加入白胡椒粉和盐调味，放入葱段即可。

好一个金银满钵

金银粥

烹饪时间：30 分钟
烹饪难度：简单

主料

大米 100 克 | 小米 80 克

做法

1 将大米装入大碗中，倒入清水淘洗干净待用。

2 将小米用同样的方式淘洗干净待用。

3 砂锅中倒入适量清水烧开，倒入淘洗干净的大米。

4 加盖煮至开锅，开锅后取掉盖子，继续煮至大米八成熟。

5 接着倒入淘洗干净的小米，搅拌均匀，煮至大米熟透，并呈浓稠状即可。

烹饪秘籍

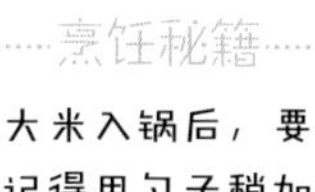

大米入锅后，要记得用勺子稍加搅拌几下，以防止粘锅。

记忆中的味道
疙瘩汤

烹饪时间：20分钟
烹饪难度：中等

主料

面粉150克｜西红柿1个｜鸡蛋1个
油菜1棵｜大葱5克

辅料

白胡椒粉1/2茶匙｜鸡精1茶匙
番茄酱1汤匙｜香油1茶匙
盐2茶匙｜油

烹饪秘籍

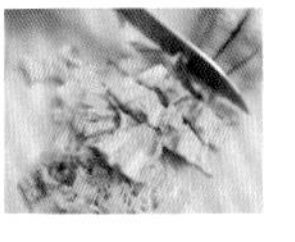

最后放入疙瘩汤中的油菜，是为了增加疙瘩汤的口感，调节颜色。除了油菜之外，油麦菜等任何易熟的蔬菜都可以选用。

做法

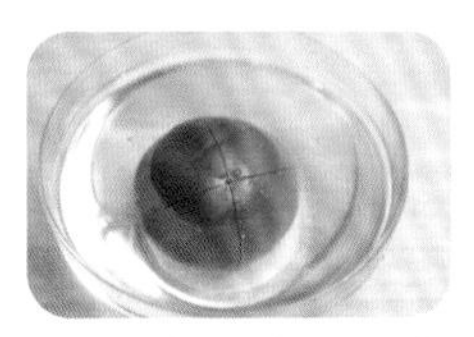

1 用小刀在西红柿顶端划开一个"十"字切口，放进沸水里烫半分钟，把西红柿皮剥下来。

2 西红柿去蒂，切成比较薄的小块。大葱切碎成葱花。油菜洗净切成小粒。

3 中火加热炒锅，锅中放油，油热后下葱花爆香。下西红柿炒软，炒出汁水。

4 加入鸡精和番茄酱，炒匀。加入足量清水，转大火煮开。

5 面粉中加入少许水，用筷子搅拌，直到水被吸收，面粉凝结成面疙瘩。重复此步骤直到没有干粉。

6 炒锅中的汤水沸腾后将面疙瘩倒入汤中，边倒边用汤勺搅拌，防止面疙瘩粘在一起。

7 大火烧开后转中火煮到面疙瘩漂起来，转小火，转圈淋入打散的蛋液，先不要搅拌。

8 鸡蛋基本凝固后加盐、白胡椒粉、香油和油菜，拌匀煮熟即可。

美颜减龄

美龄粥

烹饪时间：35 分钟
烹饪难度：简单

主料

糯米 60 克 | 大米 20 克
山药 150 克 | 豆浆 600 毫升
水 200 毫升 | 枸杞子 1 汤匙

辅料

冰糖适量

做法

1 糯米和大米淘洗干净，提前浸泡 3 小时以上，捞出沥干。枸杞子用热水泡软后沥干。

2 山药去皮，切成小块，放入锅中蒸熟后放凉。

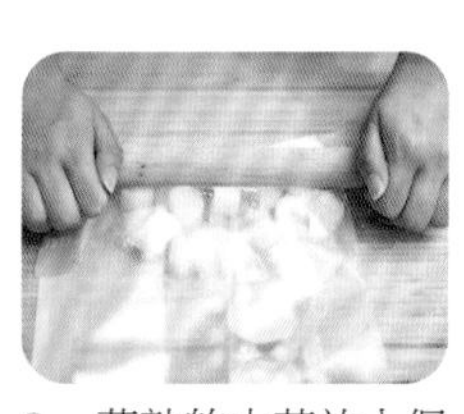

3 蒸熟的山药放入保鲜袋中，用擀面杖压成山药泥。

4 将豆浆和水放入较厚的锅中，大火烧开。加入泡好的大米和糯米，再次煮开。

5 加入山药泥，转中小火继续加热，不时用汤勺搅拌，防止粘锅。

6 加入冰糖，煮到米粒开花后关火，趁热放入枸杞子即可。

烹饪秘籍

豆浆和糯米都很容易粘锅，煮的时候要不断搅拌，有条件的话最好用不粘锅煮，或者用砂锅也是不错的选择。尽量不要用薄的铁锅，不然最后清理起来会很麻烦。

外焦里嫩，满口清香

香甜玉米饼

烹饪时间：40 分钟
烹饪难度：简单

主料

玉米 2 根 | 面粉 2 汤匙

辅料

黑芝麻少许 | 油少许

做法

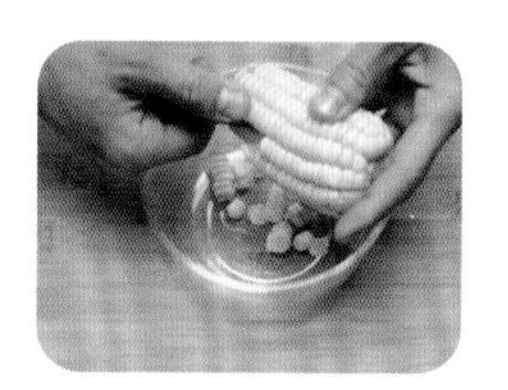

1 用刀小心地将玉米粒剥下。

2 将玉米粒放入破壁机、加入少许水，打成均匀的玉米糊。

3 将面粉加入玉米糊中，用筷子顺着一个方向搅拌成均匀的面糊。

4 电饼铛提前预热，在内壁上抹上一层薄薄的油。

5 用汤匙舀一勺玉米面糊，倒在电饼铛内，并尽量用勺子整形成圆形，并撒上几粒黑芝麻。

6 盖上电饼铛上盖，加热四五分钟至两面金黄即可。

烹饪秘籍

1 不同品牌的电饼铛预设的程序模式不相同，大家在制作时可以根据自己使用的电饼铛调节烙饼的时间。

2 如果没有电饼铛，也可以用不粘的平底锅将饼的两面烙至金黄即可。

清爽可口

蒜蓉空心菜

烹饪时间：15 分钟
烹饪难度：简单

主料

空心菜 200 克

辅料

花生油 1 汤匙 | 盐 3 克 | 蒜蓉 4 克

做法

1 空心菜洗净，用手掰成小段。

2 锅里放入花生油，烧热后放蒜蓉，再倒入空心菜。

3 用筷子将空心菜搅拌开，翻炒一会儿，待空心菜软了，加盐拌匀，就可以盛出了。

烹饪秘籍

1 一定要用手来掰空心菜，如果用刀切，味道不如手掰的好。
2 用蒜来炒空心菜，味道更加清香。

解馋解压零食：手作健康无添加

晶莹剔透的美味

琥珀核桃仁

烹饪时间：20 分钟

烹饪难度：简单

主料

核桃仁 100 克

辅料

熟白芝麻 10 克 | 细砂糖 105 克

麦芽糖 40 克

做法

1 核桃去掉外壳，取出核桃仁，放到预热至 150℃的烤箱中层，烤约 15 分钟至出香味。

2 细砂糖、麦芽糖和 50 毫升水倒入锅里，边中火加热边搅拌，至不断有大气泡冒出。

3 锅里的大气泡减少后，转小火加热，熬至黏稠，用筷子蘸一点糖浆，滴入冷水中，如果变得硬脆，就可以了。

4 加入核桃仁搅拌，使每一粒核桃仁都均匀裹上糖浆。

5 撒上熟白芝麻，搅拌均匀，趁热平铺在盘子上。

6 冷却后掰成小块即可。

烹饪秘籍

1 不同烤箱的温度不同，烤的过程中注意观察，不要烤煳了。核桃仁趁热倒入糖浆中，防止糖浆冷却太快。

2 熬糖时需要注意后期转小火，不断搅拌，防止熬煳。

3 熬糖的程度很关键，糖浆滴到水里要变硬脆，否则做好的琥珀核桃仁会粘手。

健身减肥必备零食

香蕉燕麦条

烹饪时间：1 小时
烹饪难度：简单

主料

香蕉 200 克 | 即食燕麦 160 克

辅料

蜂蜜 2 茶匙 | 葡萄干 10 克
蔓越莓干 10 克

做法

1 香蕉去皮，放入碗中，用勺子捣碎。

2 加入即食燕麦、蜂蜜、葡萄干、蔓越莓干搅拌均匀。

3 将混合好的材料放入模具，用勺子压紧实。

4 放入预热至 180℃ 的烤箱中层，烤 25 分钟。

5 取出，放在网架上冷却。

6 冷却后切成条，密封保存即可。

烹饪秘籍

1 最好选即食燕麦片，口感比生的整粒燕麦好。

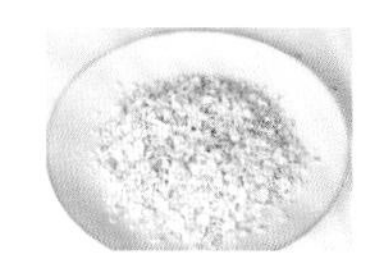

2 香蕉要选熟透的，能轻松压成泥而且更甜。如果没有完全变软，可以放微波炉里加热至香蕉皮变黑，就容易压成泥了。

风靡街边的小零食

杂粮小麻花

烹饪时间：40 分钟
烹饪难度：简单

主料

面粉 120 克 | 鸡蛋 2 个（约 110 克）
玉米粉 60 克

辅料

泡打粉 2 克 | 细砂糖 5 克
植物油 500 毫升

做法

1 鸡蛋液、细砂糖、玉米粉、面粉和泡打粉混合，揉成略硬的面团。

2 将面团擀成厚约 2 毫米的大片，再切成宽约 10 厘米的面片。

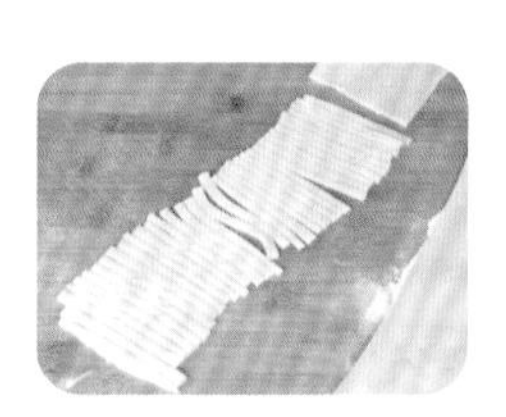

3 把面片再用刀切成宽约 5 毫米、长约 10 厘米的条。

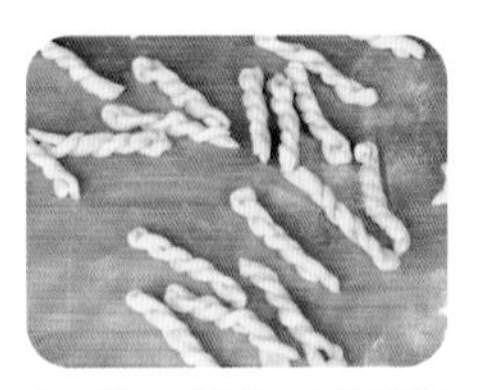

4 取一长条，双手朝反方向搓，将搓好的面条对折，会自动拧到一起呈麻花状，捏紧收口端。

5 油倒入锅中，烧至六成热，放入小麻花，炸至金黄色捞出。

6 待油温烧至八成热，再次倒入炸好的小麻花，炸 10 秒钟，捞出即可。

烹饪秘籍

1 鸡蛋是用来和面的，不用加水。可根据面团状态适当增减粉料，粉料能揉成略硬的完整面团为宜。硬的面团水分少，容易炸得脆。
2 第一次炸油温不要太高，先把小麻花炸熟。第二次炸油温稍微高一点，炸的时间短，让麻花更脆。
3 炸好后可以在表面撒辣椒粉、椒盐粉和海苔碎等。

烹饪时间：1小时
烹饪难度：简单

最受欢迎的小食
非油炸薯条

主料
土豆 200 克

辅料
番茄酱 10 克 | 橄榄油 10 毫升

烹饪秘籍
1 切好的土豆条需要在水中冲洗一下，去掉表面的淀粉，减少高温烹制的过程中有害物质丙烯酰胺的生成。
2 土豆条不要煮太久，只要表面略微熟了就可以，这样可以保持很好的形状。
3 煮好的土豆条需要把表面水分擦干，这样有利于烤的时候表面温度快速上升，让薯条更好吃。

做法

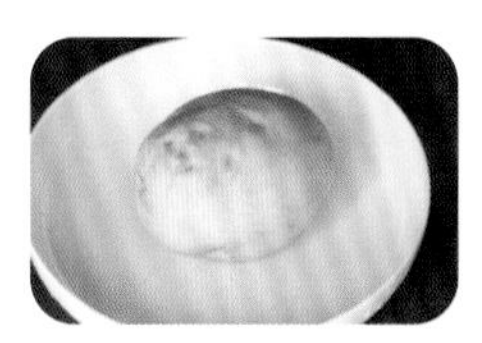
1 土豆洗净，用刮皮刀去掉外皮。

2 将土豆切成约 1 厘米粗的长条。

3 将土豆条放入水中冲洗一下，洗去淀粉。

4 锅中放入能没过土豆条的水，烧开。放入土豆条，煮 2 分钟。

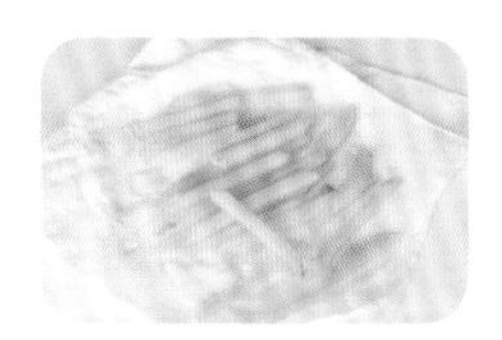
5 捞出土豆条，用厨房用纸擦干表面水分，加入橄榄油搅拌均匀。

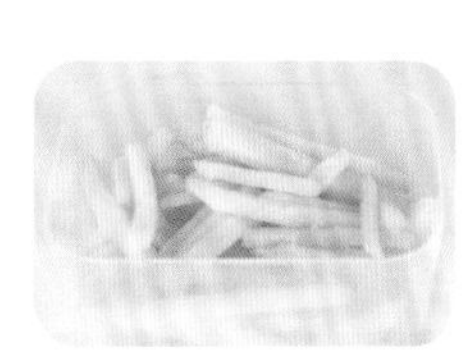
6 将土豆条放入保鲜盒，放入冰箱冷冻成坚硬的状态。

7 空气炸锅预热至 180℃后，平铺入土豆条，烤约 10 分钟，翻面。

8 再烤 10 分钟至表面金黄即可。上桌后蘸番茄酱食用。

简单好吃的下午茶

芒果布丁

烹饪时间：140 分钟
烹饪难度：简单

主料

芒果 300 克 | 吉利丁粉 15 克
牛奶 250 毫升

辅料

细砂糖 15 克

做法

1 芒果洗净，把果肉切成一两厘米见方的块，铺在盒子里。

2 吉利丁粉和细砂糖倒入牛奶中，搅拌均匀，加热至微沸，细砂糖和吉利丁粉完全溶解。

3 将牛奶混合液倒入芒果盒子里面，放冰箱冷藏2小时至牛奶凝固。

4 小心取出，切成块食用。

烹饪秘籍

1 吉利丁粉和牛奶混合后，要小火加热，不断搅拌，使得吉利丁粉完全溶解，冷却后布丁状态好。
2 也可以将芒果打成细腻的泥，添加到布丁中。可根据芒果的用量，适当减少牛奶的用量。

健康饮食界的新宠

羽衣甘蓝脆片

烹饪时间：1 小时
烹饪难度：简单

主料

羽衣甘蓝 100 克

辅料

橄榄油 1 茶匙 | 盐少许

做法

1 羽衣甘蓝洗净，沥干。

2 把叶子撕下放到盆里，加入橄榄油和盐，轻轻拌均匀。

3 烤盘铺上锡纸，将羽衣甘蓝摆放在烤盘上，放入烤箱 160℃烤 10 分钟。

4 取出翻面，继续烤 5 分钟至脆即可。

烹饪秘籍

1 在拌入橄榄油之前，叶子尽量沥干，方便后面烘烤。
2 摆放叶子时注意不要叠在一起，均匀平铺在烤盘上。
3 叶子比较薄，很容易烤煳，烤的过程中要注意观察。

手撕着吃才过瘾

手撕牛肉条

烹饪时间：4 小时
烹饪难度：简单

主料

牛腱肉 1000 克

辅料

五香粉 2 茶匙 | 香叶 4 片
绵白糖 2 茶匙 | 生抽 1 汤匙
料酒 2 茶匙 | 盐 2 茶匙

做法

1 牛腱肉去掉筋膜，洗干净，沿着肉的纹理切成约 1.5 厘米粗、10 厘米长的条。

2 把五香粉、香叶、绵白糖、盐、生抽和料酒加入牛肉中，揉捏均匀。盖上保鲜膜，放冰箱冷藏 24 小时。

3 烤盘铺上锡纸，把牛肉条摆放在烤盘上。

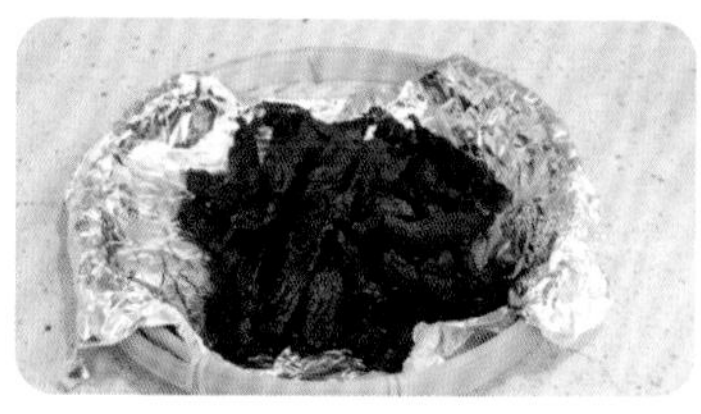

4 放入烤箱中层，110℃烘烤 3 小时即可。

烹饪秘籍

1 牛肉要沿着肉的纹理切，这样肉的纤维长，用手撕着吃才过瘾。
2 每烤半小时把肉翻一面，让每一面都受热均匀。
3 利用低温慢烤，根据烤箱温度和肉的大小，烤到喜欢的口感即可。
4 烤好后可以撒辣椒面等调味。

时间酝酿的美味

苹果果脯

烹饪时间：30 分钟
烹饪难度：简单

主料

苹果 10 个

做法

1　苹果洗净，去掉外皮和果核，一个苹果切成 8 块。

2　将苹果块放到蒸锅里，蒸 15 分钟。

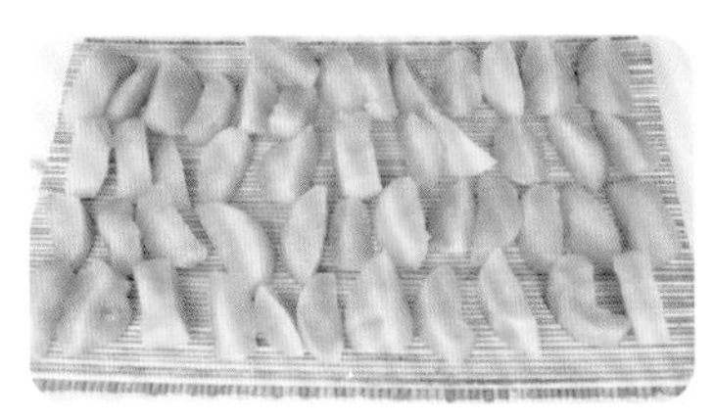

3　蒸好的苹果摆在箩筐里，放到太阳下面晒。

4　中间翻面，反复翻几次，至果肉起皱，口感合适即可。

烹饪秘籍

1 切好的苹果要尽快放蒸锅里蒸，如果没有马上蒸，可以泡在淡盐水里，以防止氧化变色。

2 天气不好时，可以将苹果放入烤箱，90℃低温慢烤，时间会比较久，边烤边观察，烤到合适的程度。

健康零添加
脆枣

烹饪时间：140 分钟
烹饪难度：简单

主料
红枣 200 克

做法

1 红枣洗净，晾干水分。

2 用粗的酸奶吸管从红枣的一端穿过去，去掉枣核。

3 将红枣放入烤盘，放在预热至105℃的烤箱里，烘烤约 2 小时。

4 取出冷却即可。

烹饪秘籍

1 采用低温慢烤的方法，中间翻动几次，让所有的枣受热均匀，枣冷却后会变脆。
2 每个烤箱的温度不一样，烤的过程中要注意观察，温度过高容易煳。
3 建议选个头小的红枣，容易烤脆。

好滋味，久回味

绿豆糕

烹饪时间：1小时
烹饪难度：简单

主料

去皮绿豆 250 克

辅料

淡奶油 30 克 | 细砂糖 40 克
麦芽糖 40 克 | 黄油 20 克 | 盐 1 克

做法

1　去皮绿豆洗净，加入没过绿豆一倍高度的水，浸泡 24 小时。

2　控掉水分，隔着纱布，放在蒸锅里蒸约 30 分钟，至能捻成细粉。

3　将绿豆、细砂糖、麦芽糖、黄油、盐和淡奶油放入料理机，打成细腻的状态。

4　倒入不粘锅，小火搅拌翻炒。炒至稠厚、用手心能按压成团的状态。

5　待绿豆馅不烫手后，搓成 50 克一个的圆球。

6　放入模具，按压成形，取出，绿豆糕就做好了。

烹饪秘籍

1 如果天气热，需要放在冰箱里冷藏浸泡绿豆，以防止变坏。
2 为了减少炒的时间，浸泡好的绿豆要控干水分后再蒸，以减少含水量。
3 建议小火翻炒，防止煳锅。
4 如果没有料理机或搅拌机，也可以用大的勺子或用手把绿豆挤压碎。如果挤压的绿豆不够细腻，可以过一遍筛。

经典怀旧小零食

花生牛轧糖

烹饪时间：20 分钟
烹饪难度：简单

主料

原味棉花糖 100 克 | 熟花生仁 50 克

辅料

全脂奶粉 50 克

做法

1 熟花生仁去掉外皮，用擀面杖擀成大颗粒。

2 原味棉花糖放入大碗中，放入微波炉，中高火转 1 分钟至完全融化。

3 把全脂奶粉和花生碎混合均匀，倒入棉花糖中，搅拌均匀。

4 倒入模具中，按压成形。

5 冷却后，用刀切成四五厘米长，约 2 厘米宽的块。

6 撒入适量的奶粉，拌匀即可。

烹饪秘籍

1 棉花糖一定要买原味的，才不影响牛轧糖的风味。

2 加热时要防止棉花糖烟掉，可以间隔一会儿就取出查看状态，至完全融化即可。

3 棉花糖很容易冷却，倒入奶粉和花生碎后要快速搅拌，防止冷却后搅不动。如果搅不动，可以把混合物再放进微波炉微波 10 秒左右，至混合物变软。

4 撒入奶粉可以防止糖块粘在一起，做好的糖需要密封保存。

街头巷尾的美味

米花糖

烹饪时间：20 分钟
烹饪难度：简单

主料

大米花 100 克 | 细砂糖 50 克
麦芽糖 50 克

辅料

熟黑芝麻 10 克 | 蔓越莓干 30 克

做法

1　细砂糖和麦芽糖放入锅中，加入约 50 毫升水，中火搅拌熬煮。

2　熬煮过程中会有大气泡冒出。

3　熬至大气泡消失，转小火。熬至糖液变得黏稠，用筷子蘸一点滴入冷水中，糖液变脆即可。

4　倒入大米花、熟黑芝麻和蔓越莓干，快速搅拌至米花均匀裹上糖浆。

5　倒入模具中，按压整形。

6　冷却至 40℃左右、不烫手后，切块，密封保存。

烹饪秘籍

1 小时候街上经常有卖爆米花的，现在不常见了，但可以在网上买。
2 倒入米花后，要快速搅拌均匀，防止遇冷后糖凝固，不容易搅拌。
3 米花冷却到 40℃左右就可以切了，完全冷却后再切容易碎。
4 可以借助一个小碗，方便收口整形。

解压绝佳饮品

红豆牛奶西米露

烹饪时间：30 分钟
烹饪难度：简单

主料

牛奶 250 毫升 | 红豆 100 克
小西米 40 克

辅料

细砂糖 50 克

烹饪秘籍

1 红豆不要煮到破皮，否则就成豆沙了。熟透又能保持颗粒最好。

2 西米不要煮过火，否则容易完全化到水里。煮至有一点白芯，再关火闷到完全透明即可。煮熟的西米用冷水冲，可以去掉外层的淀粉，更通透爽口。

做法

1 红豆清洗干净，放在水中浸泡 8 小时。泡至能轻松掐透，熬煮的时候容易熟。

2 倒掉水，将红豆放入锅里，加入细砂糖和约 250 毫升水。

3 中火煮约 20 分钟至红豆熟透，大火熬至水分基本收干，盛出备用。

4 取一干净的锅，加入约 500 毫升的水，水烧开后加入洗干净的西米。

5 煮约 10 分钟至西米外圈变得透明，内部还有白色的硬芯，关火，闷 5 分钟至整体呈透明状。

6 捞出西米，冲凉水冷却。

7 将西米放入牛奶中。如果喜欢喝热饮，可以把牛奶加热；喜欢喝冷饮，可以将牛奶冰镇。

8 加入煮好的蜜豆即可。

街头小食家里做
糖烤栗子

烹饪时间：1 小时
烹饪难度：简单

主料

栗子 250 克

辅料

植物油 1 茶匙 | 细砂糖 10 克

做法

1 栗子清洗干净，沥干。

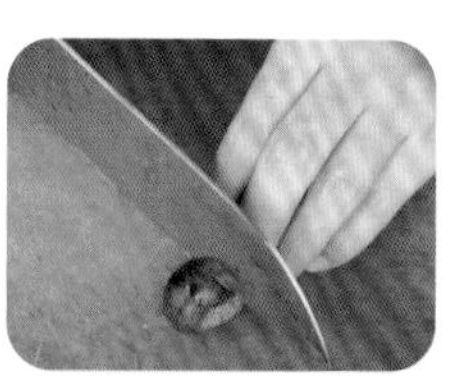

2 用刀在栗子鼓起的一面划一道口子，划破栗子皮。

3 栗子中加入植物油，搅拌均匀。

4 放入烤箱中层，180℃烤 25 分钟，至栗子皮都裂开。

5 在细砂糖中淋入 2 茶匙水搅拌至溶化，刷在栗子的表面。

6 继续烤 10 分钟，至栗子软糯熟透即可。

烹饪秘籍

1 选取大小均匀的栗子，可以保证同时烤熟，且烤制时间不会太久，口感好。

2 在栗子鼓起的一面切口，烤后开口会开裂得比较漂亮。

3 外皮刷一层油可以防止烘烤时水分流失。

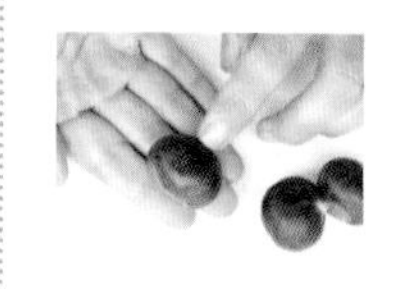

蛋香四溢好滋味

鸡蛋仔

烹饪时间：30 分钟
烹饪难度：简单

主料

鸡蛋 2 个 | 低筋面粉 140 克
玉米淀粉 20 克 | 牛奶 120 毫升

辅料

泡打粉 5 克 | 细砂糖 50 克
植物油 50 毫升

做法

1 把鸡蛋、牛奶、植物油和细砂糖混合，搅打均匀。

2 低筋面粉、泡打粉和玉米淀粉混合均匀，加入蛋液中。

3 用刮刀从下往上翻拌均匀。

4 预热多功能煎锅烤盘，两面刷一层油，倒入面糊。

5 尽快盖上机器，翻面，让两面烤盘都有面糊。

6 烤约 3 分钟，至两面都成金黄色即可。

烹饪秘籍

1 注意搅拌手法，不要画圈搅拌，以防止面糊起筋、蛋糕不松散。
2 面糊倒入烤盘后要尽快合上机器翻转，保证做出圆鼓鼓的鸡蛋仔。
3 不同的机器温度会有差异，适当调整加热时间，至表面酥脆即可。

必备的家常点心

桃酥饼干

烹饪时间：40 分钟
烹饪难度：简单

主料

低筋面粉 250 克 | 鸡蛋 1 个

辅料

黑芝麻 10 克 | 小苏打 2 克
细砂糖 75 克 | 玉米油 85 毫升

做法

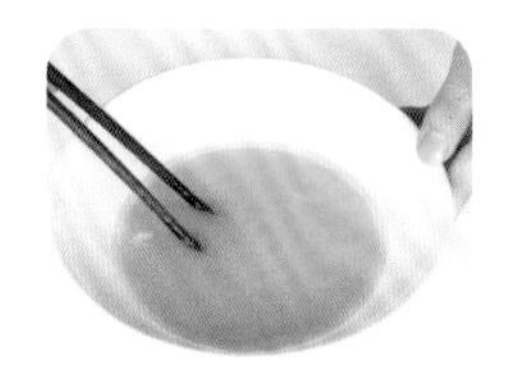

1 将玉米油、细砂糖和鸡蛋放入碗中，搅拌均匀。

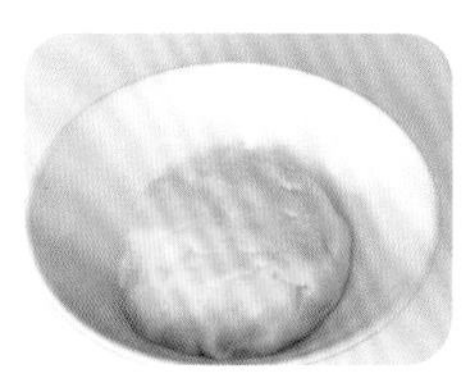

2 低筋面粉和小苏打混合均匀，加入蛋液中，翻拌成面团。

3 取 50 克面团，用掌心搓成光滑的圆球。

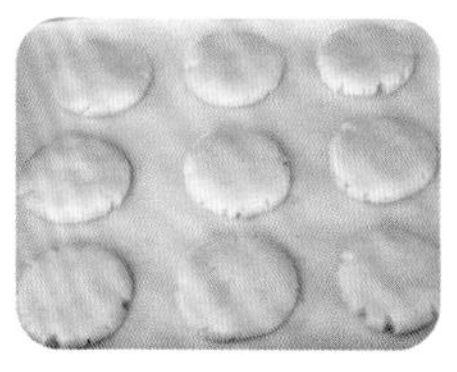

4 将圆球按压成厚约 1 厘米的饼。

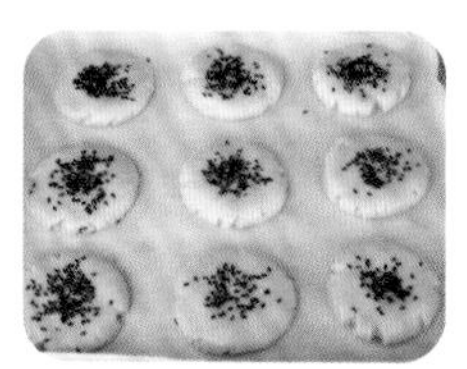

5 表面撒上适量的黑芝麻。

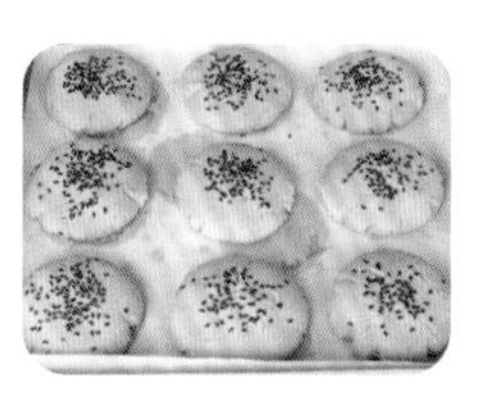

6 放入预热至 180℃ 的烤箱中层，烤制 18 分钟即可。

烹饪秘籍

1 面粉和蛋液翻拌均匀即可，不要按压得太瓷实，否则烤后桃酥的不够膨松。

2 如果烤制后桃酥上色比较浅，可以移到烤箱上层再烤 5 分钟。

3 桃酥烤好冷却后，放入密封袋中保存，防止受潮。

4 面团也可以放入模具，压出不同形状的桃酥。

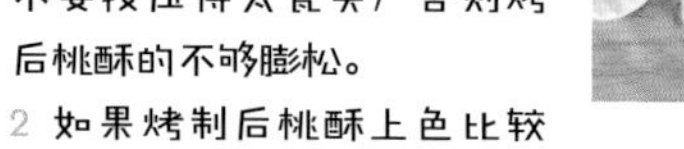

最简单的小零食

面包干

烹饪时间：30 分钟
烹饪难度：简单

主料

吐司面包 5 片

做法

1　一片吐司面包切成 4 小块。

2　摆放在铺了烘焙用纸的烤盘里。

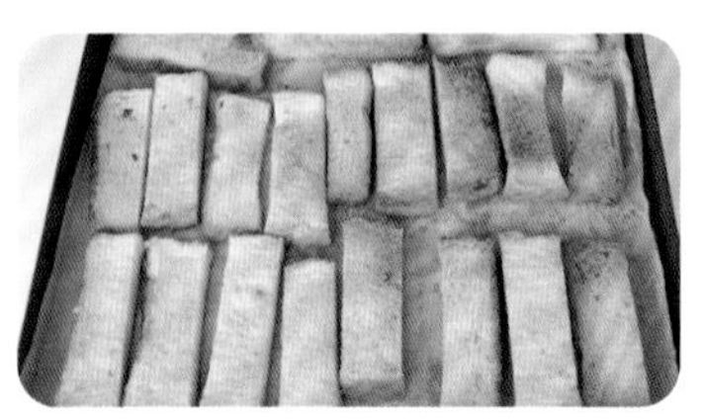

3　放入烤箱中层，140℃烘烤 15 分钟。

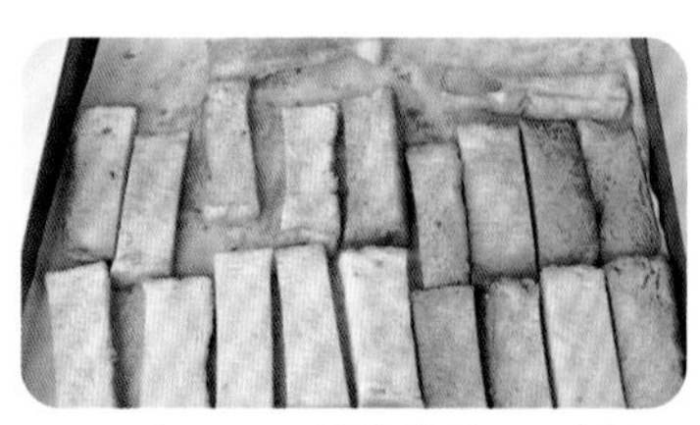

4　取出翻面，继续烘烤 15 分钟至酥脆即可。

烹饪秘籍

1 其他形状比较规则的面包或者蛋糕都可以低温慢烤成干。

2 可以在吐司面包上面刷一层黄油或者蜂蜜等，口感和风味更好，但是热量会更高。

惊艳味蕾

曲奇饼干

烹饪时间：30 分钟
烹饪难度：简单

主料

低筋面粉 200 克 | 鸡蛋 1 个

辅料

糖粉 65 克 | 黄油 130 克

烹饪秘籍

1 黄油软化至能用手指轻轻按动又不粘手为宜，太软不利于保持花形。
2 烤的过程中要注意观察饼干的状态，防止煳掉。
3 烤好的饼干在室温下冷却后，放在密闭容器里，可以保持酥脆的口感。

做法

1 黄油于室温下放至软化。

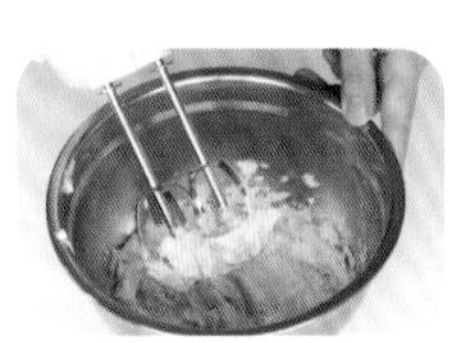

2 将黄油放到盆里，用电动打蛋器搅打至顺滑。

3 加入糖粉，用电动打蛋器搅打至黄油颜色发白、体积膨大呈羽毛状。

4 分三次加入打散的鸡蛋液，每次搅拌均匀后，再次添加。充分搅拌均匀，防止蛋液和黄油分层。

5 加入过筛的低筋面粉。

6 用刮刀翻拌均匀，直到面粉全部润湿。

7 把面糊装入裱花袋，用喜欢的花嘴挤在烤盘上。

8 放入 190℃预热的烤箱中层，烤 10 分钟左右即可。

小朋友们最喜欢
酥香小馒头

烹饪时间：40 分钟
烹饪难度：简单

主料

玉米淀粉 140 克 | 低筋面粉 30 克
鸡蛋 50 克

辅料

奶粉 25 克 | 糖粉 25 克 | 黄油 50 克

烹饪秘籍

1 没有糖粉可以添加绵白糖，搅拌至绵白糖溶化即可。
2 不同的面粉吸水率不同，根据面团的状态适当增减蛋液的量。
3 小圆球一定要用手心搓至表面完全光滑再烤，不容易裂。
4 烤箱温度不要太高，温度太高也容易烤裂。

做法

1 糖粉加到鸡蛋液中，搅打至糖粉溶化。

2 黄油用隔水加热法化开。

3 把黄油倒入蛋液中，搅打均匀。

4 玉米淀粉、低筋面粉和奶粉混合均匀，加到蛋液中。

5 揉成光滑的面团。

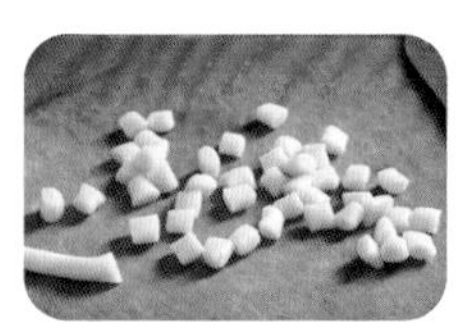

6 将面团搓成直径约 1 厘米的长条，再切成宽约 1 厘米的小块。

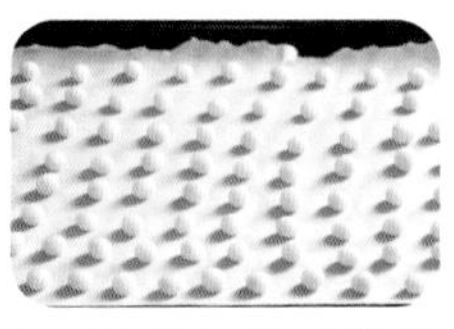

7 用手心搓成光滑的小圆球，摆放在烤盘上。

8 放入预热至 160℃的烤箱中层，烤 15 分钟至表层金黄即可。

烹饪时间：1小时
烹饪难度：中等

下午茶的最佳搭档
核桃意式脆饼

主料
低筋面粉150克 | 核桃仁30克
鸡蛋1个

辅料
泡打粉3克 | 牛奶20毫升
细砂糖40克 | 黄油20克

烹饪秘籍
1 意式脆饼需要烘烤两次，第一次主要是定形，第二次需要用低温把水分烤干。
2 第一次烤的时候表面不要烤得太脆，否则切的时候容易碎。
3 可以添加其他喜欢的坚果。也可以添加可可粉、抹茶粉等，做成多种口味。

做法

1 核桃仁放入150℃的烤箱，烤10分钟至香脆。

2 黄油在室温下软化，加入细砂糖搅打均匀。

3 加入鸡蛋液和牛奶搅打均匀。

4 低筋面粉和泡打粉混合均匀，加入蛋液中。

5 翻拌至面粉全部湿润，加入核桃仁，揉成面团。

6 将面团整理成宽约5厘米、厚约1.5厘米的长条状，放入180℃预热的烤箱中层烤20分钟。

7 取出，稍微冷却后切成约1厘米宽的长条。

8 再放入烤箱，160℃烘烤20分钟至酥脆即可。

薄到能看到天空

全麦芝麻薄脆饼

烹饪时间：1小时
烹饪难度：简单

主料

全麦粉30克 | 鸡蛋1个（约55克）

辅料

白芝麻10克 | 黑芝麻5克
细砂糖30克 | 玉米油20毫升

做法

1 鸡蛋打入碗中，加细砂糖，用打蛋器搅打均匀。

2 加入玉米油，搅打均匀；加入全麦粉，翻拌至均匀、没有面粉颗粒。

3 加入白芝麻和黑芝麻搅拌均匀，装入裱花袋。

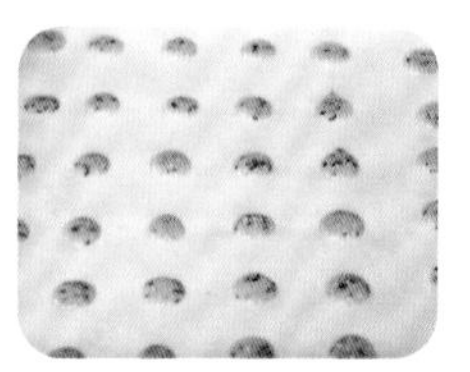

4 烤盘铺上油纸，用裱花袋把面糊挤在烤盘上，呈一个个小圆形。

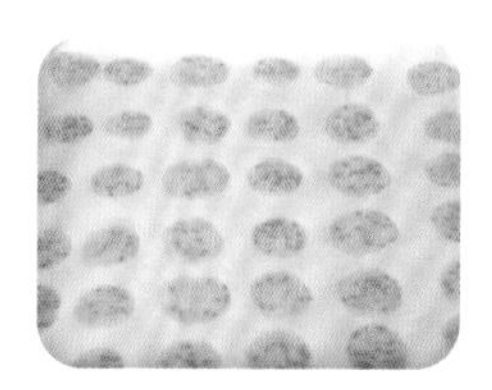

5 顶上盖一张烘焙用纸，轻轻按压。

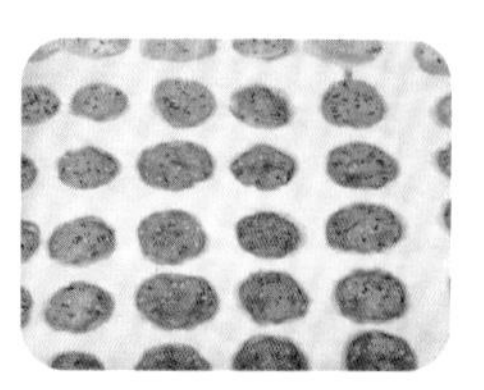

6 放入150℃预热的烤箱中层，烤15分钟至呈现金黄色，取出冷却即可。

烹饪秘籍

1 鸡蛋加糖后不需要打发，搅打均匀至糖溶化即可。
2 每个圆面糊之间要留出空隙，防止烤后粘在一起。
3 饼干很薄，容易烤煳，可以将烘烤温度调低一点，注意观察，烤至金黄色即可。

磨牙首选零食

香脆饼干棒

烹饪时间：50 分钟
烹饪难度：简单

主料

低筋面粉 130 克
鸡蛋 1 个（约 55 克）

辅料

黑芝麻 10 克 | 细砂糖 20 克
黄油 10 克

做法

1　黄油软化，加入鸡蛋液、黑芝麻、低筋面粉和细砂糖，揉成面团。

2　盖上保鲜膜，松弛 20 分钟。

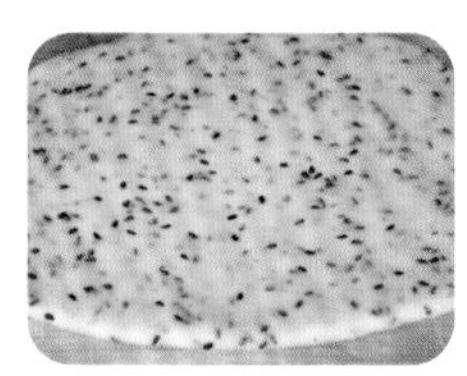

3　把面团擀成厚约 0.5 厘米的面片。

4　把面片切成宽约 0.5 厘米的条。

5　左右手按住面条两端，朝反方向拧几圈，放入烤盘。

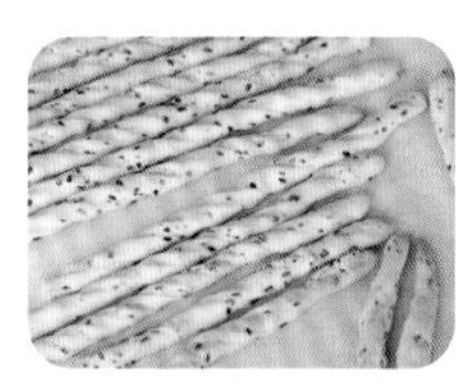

6　放入 180℃预热的烤箱中层，烤 20 分钟至呈金黄色即可。

烹饪秘籍

1 根据面团状态适当调整面粉用量，面团需要和得硬一点，方便保持形状。
2 根据烤制状态适当调整烤制的时间，烤好的饼干呈金黄色，口感很脆。

家中必备甜食

萨其马

烹饪时间：1小时
烹饪难度：简单

主料

面粉150克 | 鸡蛋2个（约110克）

辅料

熟黑芝麻10克 | 玉米淀粉20克
泡打粉2克 | 细砂糖120克
麦芽糖75克 | 植物油500毫升

烹饪秘籍

1 面条入油锅前需要用手掂几下，去除多余的淀粉，防止糊锅。
2 可以先放一根面条到油锅里，可以快速浮起来就说明油温较合适。如果面条长时间不浮起，说明油温太低。
3 面条混合糖浆后，搅拌速度要快，防止糖冷却结块。

做法

1 鸡蛋打散，加入面粉和泡打粉，揉成软一点的面团。

2 将面团擀成厚约0.5厘米的片，切成宽约0.5厘米、长约5厘米的条，搓圆，可以撒一点玉米淀粉防粘。

3 锅中加入油，烧至约六成热，下入面条，炸至金黄色，用笊篱捞出备用。

4 取一干净的锅，锅中加入20毫升水、麦芽糖和细砂糖，中小火搅拌熬煮，熬至115℃~120℃，滴到冷水里，糖能成柔软不粘手的块状即可。

5 加入炸好的面条，快速翻拌均匀，让每一根面条都裹上糖浆。

6 加入熟黑芝麻拌匀。

7 趁热倒入模具中，按压整形。

8 待稍微冷却，用锯齿刀切块即可。用锯齿刀切萨其马，切口会整齐好看。

烹饪时间：1小时
烹饪难度：简单

主料

低筋面粉250克
鸡蛋1个（约55克）
牛奶60毫升

辅料

小苏打2克 | 白芝麻40克
细砂糖50克
植物油500毫升

吃了就会笑 开口笑

烹饪秘籍

1 面粉先和油混合搓散，可以阻断面筋的形成，让成品更酥。
2 根据面团的状态适当调整牛奶的量，令面团达到类似耳垂的软硬度为宜。
3 表面沾一些水，可以更好地粘住芝麻，粘满芝麻后轻轻按压，防止炸的时候掉落。
4 小苏打受热后产生气体，所以面团会产生裂口。保持温度适宜，可以让裂口均匀。

做法

1 低筋面粉中加入20毫升植物油搅拌均匀，用手搓散。

2 加入小苏打、细砂糖混合均匀。

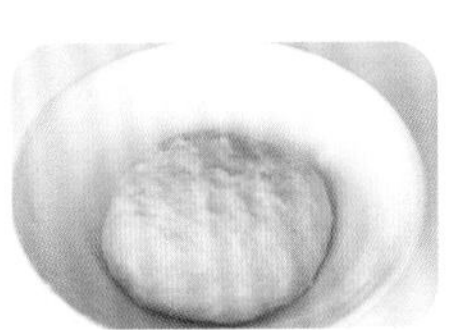

3 加入鸡蛋液和牛奶，揉成面团，盖上保鲜膜松弛20分钟。

4 将面团分成若干个单个重量为15克的小剂子，用手心搓光滑。

5 碗中放入半碗清水，加入1茶匙低筋面粉，搅拌均匀。将圆面团放进水里浸湿。

6 放进芝麻里，轻轻按压，让表面都粘满芝麻。

7 剩下的油倒入锅里，烧至五六成热，放入粘满芝麻的面球。

8 炸至表面呈金黄色，捞出即可。也可以用烤箱烤，口感会有差异，但是也很好吃。

能量加油站

香蕉马芬蛋糕

烹饪时间：40 分钟
烹饪难度：简单

主料

低筋面粉 100 克 | 去皮香蕉 120 克
鸡蛋 1 个（约 55 克）| 牛奶 30 毫升

辅料

泡打粉 5 克 | 细砂糖 40 克
玉米油 30 毫升

做法

1 香蕉放入碗中，用勺子压成泥。

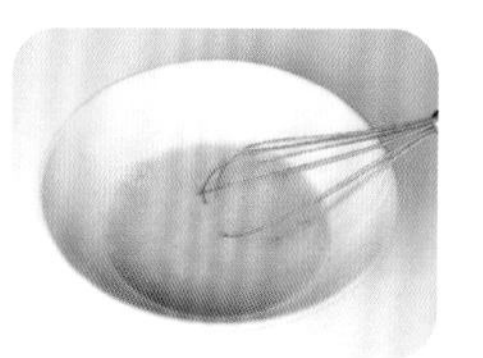

2 将鸡蛋液、牛奶、玉米油和细砂糖搅打均匀。

3 加入香蕉泥，搅打均匀。

4 加入混合均匀的面粉和泡打粉，翻拌至看不见干粉。

5 将面糊倒入纸杯中，约八成满。

6 放入 200℃预热的烤箱中层，烤 20 分钟即可。

烹饪秘籍

1 要选熟透的香蕉，容易压碎而且味道更甜。

2 加入面粉后翻拌至没有干粉即可，不需要搅拌得很细腻，过度搅拌会使蛋糕不松软。

满嘴掉渣
酥脆鸡蛋卷

烹饪时间：30 分钟
烹饪难度：简单

主料

低筋面粉 100 克
鸡蛋 3 个（约 165 克）
牛奶 50 毫升

辅料

黑芝麻 20 克 | 细砂糖 50 克
黄油 50 克

做法

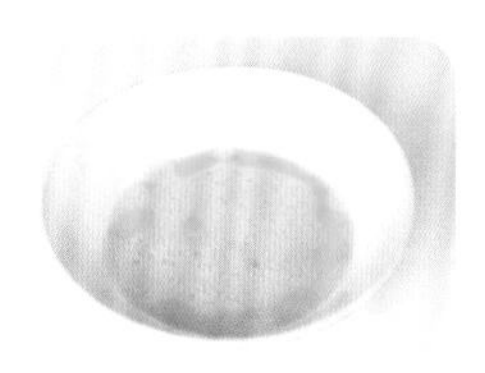

1　鸡蛋液和细砂糖混合，搅打至糖溶化。

2　加入化黄油和牛奶。

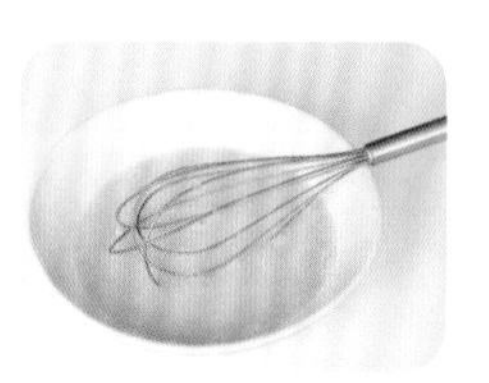

3　用手动搅拌器搅拌至油水混合均匀，完全乳化。

4　加入低筋面粉和黑芝麻，翻拌成细腻能流动的面糊。

5　预热蛋卷机，舀一勺面糊在机器中间，合上盖子约 2 分钟。

6　至蛋卷成金黄色，带防烫手套，从一端卷起来即可。

烹饪秘籍

1　面糊为浓稠能流动的状态即可，太稀则需要增加烘烤的时间。

2　蛋卷冷却后会变脆，如果冷却后没有变脆，说明烤的时间不够，水分太多，再多烤一下。

嚼劲十足
五香牛肉干

烹饪时间：1 小时
烹饪难度：简单

主料
牛腱肉 1000 克

辅料
葱段 40 克 | 姜片 10 克 | 干辣椒 5 个
八角 1 个 | 香叶 4 片 | 小茴香 10 粒
花椒 10 粒 | 桂皮 2 克 | 生抽 20 毫升
老抽 1 茶匙 | 五香粉 2 茶匙
植物油 2 茶匙

烹饪秘籍
1 牛肉切成条，在卤的时候容易充分入味。
2 用卤汤浸泡过夜可以让牛肉更入味，如果煮后牛肉已经很入味了，可以直接进行下一步操作。

做法

1 牛腱肉去掉表面筋膜，切成约手指粗细、长 5 厘米的条，清洗干净。

2 放入锅里，加水没过牛肉条，大火煮开后转小火煮 2 分钟。

3 捞出牛肉条，冲洗干净，沥干。

4 锅烧热后加入 1 茶匙植物油、洗净的干辣椒、八角、小茴香、香叶、花椒、桂皮、姜片和葱段，翻炒 2 分钟。

5 加入牛肉条翻炒均匀，再加入没过牛肉的水和生抽、老抽。。

6 大火煮开后，小火炖 30 分钟，关火，继续浸泡过夜。

7 将牛肉条从卤汤里取出，沥干。

8 炒锅烧热后加入 1 茶匙油，加入牛肉条和五香粉，小火煸炒至水分基本蒸发完即可。

烹饪时间：1小时
烹饪难度：简单

过节时的小零食

巧克力花生豆

主料

花生仁100克

辅料

玉米淀粉40克 | 可可粉20克
细砂糖40克

烹饪秘籍

1 烤花生仁的时候注意观察，防止烤焦。每烤5分钟可以搅拌一下，一般烤至可以轻松脱皮即可。热的时候不会感觉酥脆，冷却后就会酥脆了。
2 全程一定要小火加热，防止煳掉。
3 淀粉要用微波炉烘熟，也可以用烤箱烤熟或者用锅炒熟。

做法

1 花生仁放在烤盘中，放入烤箱中层，180℃烤20分钟至熟，去皮。

2 玉米淀粉平铺在盘子里，放入微波炉，中高火加热1分钟，取出，搅拌均匀，再加热1分钟。

3 将玉米淀粉和可可粉混合均匀。

4 细砂糖放入锅中，加入约50毫升水，边小火加热边搅拌。

5 加热至糖溶化、水分基本挥发完，锅里冒出许多泡泡。

6 把花生仁倒入糖浆中，混合均匀。

7 将混合的淀粉和可可粉用筛子筛入，筛一层粉，搅拌一下，再继续筛。

8 至花生仁均匀裹上淀粉和可可粉，关火即可。

图书在版编目（CIP）数据

好食光. 孩子爱吃的营养餐 / 萨巴蒂娜主编. —北京：中国轻工业出版社，2024.1

ISBN 978-7-5184-4547-9

Ⅰ. ①好… Ⅱ. ①萨… Ⅲ. ①儿童—保健—食谱 Ⅳ. ① TS972.12

中国国家版本馆 CIP 数据核字（2023）第 175852 号

责任编辑：卢　晶　　　　责任终审：高惠京　　　整体设计：锋尚设计
策划编辑：张　弘　卢　晶　责任校对：朱燕春　　　责任监印：张京华

出版发行：中国轻工业出版社（北京鲁谷东街5号，邮编：100040）
印　　刷：北京博海升彩色印刷有限公司
经　　销：各地新华书店
版　　次：2024年1月第1版第1次印刷
开　　本：710×1000　1/16　印张：12
字　　数：200千字
书　　号：ISBN 978-7-5184-4547-9　定价：49.80元
邮购电话：010-85119873
发行电话：010-85119832　010-85119912
网　　址：http://www.chlip.com.cn
Email：club@chlip.com.cn
如发现图书残缺请与我社邮购联系调换
230489S1X101ZBW